U0311592

移动互联后台系统
运营与管理

林富荣◎著

清华大学出版社
北京

内 容 简 介

资深系统运维专家凝聚自己多年经验，通过本书与读者分享移动互联后台系统运营与管理实际工作中的实用知识，涵盖运营与管理工具、实际系统运营与管理案例、运营底层逻辑、运营文档等相关内容。

本书共16章。第1章讲解移动互联后台系统运营与管理的工具；第2～11章讲解实际的移动互联后台系统运营与管理；第12章讲解个人站长运营电商平台系统的全过程；第13章讲解互联网平台运营的文档；第14章讲解Linux常用命令；第15章讲解电商平台系统后台框架规划；第16章浅谈系统运营相关的内容。

本书讲解了大量移动互联后台系统的运营与管理实例，结构完整清晰、简单易懂、即学即用，适合整个互联网产业链的相关人员阅读，也可作为相关培训机构和高等院校相关专业的教学用书。

本书封面贴有清华大学出版社防伪标签，无标签者不得销售。

版权所有，侵权必究。侵权举报电话：010-62782989 13701121933

图书在版编目（CIP）数据

移动互联后台系统运营与管理 / 林富荣著. —北京：清华大学出版社，2020.1
ISBN 978-7-302-53741-0

Ⅰ.①移…　Ⅱ.①林…　Ⅲ.①移动终端—运营管理　Ⅳ.①TN929.53

中国版本图书馆 CIP 数据核字（2019）第 195762 号

责任编辑：秦　健
封面设计：杨玉兰
责任校对：胡伟民
责任印制：杨　艳

出版发行：清华大学出版社
　　　　　网　　址：http://www.tup.com.cn，http://www.wqbook.com
　　　　　地　　址：北京清华大学学研大厦 A 座　　　　邮　　编：100084
　　　　　社 总 机：010-62770175　　　　　　　　　　邮　　购：010-62786544
　　　　　投稿与读者服务：010-62776969，c-service@tup.tsinghua.edu.cn
　　　　　质 量 反 馈：010-62772015，zhiliang@tup.tsinghua.edu.cn
印 刷 者：北京富博印刷有限公司
装 订 者：北京市密云县京文制本装订厂
经　　销：全国新华书店
开　　本：186mm×240mm　　印　　张：23　　字　　数：490 千字
版　　次：2020 年 1 月第 1 版　　印　　次：2020 年 1 月第 1 次印刷
定　　价：69.00 元

产品编号：082119-01

前　言

移动互联后台系统的运营与管理有三要素：方法、工具和过程。

方法——完成移动互联软件产品各项业务任务和技术任务的运营与管理方法。

工具——为管理方法的运用提供自动的或半自动的软件支撑环境。

过程——为获得高质量的运营与管理系统，所需要规划的流程、逻辑、管理、推广的运营步骤。

人总会经历生、老、病、死，互联网系统也会经历生、老、病、死过程。一个互联网系统的产生，仅仅是0到1的过程，此时只能说企业能够运营。如果系统运营与管理1～5年后，不能为企业赚取利润，不能累积大量用户，那么再好的互联网产品也没有价值和意义。运营与管理5～10年后，整个系统可能都没有多少用户了，此时系统产品处于"病"的状态，只能通过融资的方法，使系统再次运作或重造。N年后，更好的软件产品出现，人们很快忘记老旧的系统产品，那么整个旧产品结束运营与管理。

BAT（百度、阿里巴巴、腾讯三家中国互联网企业的英文简称）这三个互联网企业中，B企业是技术驱动型企业，A企业是运营驱动型企业，T企业是产品驱动型企业。

技术驱动型企业——技术人员做好一个软件系统产品，产品、设计、运营人员按照技术人员做好的系统执行。技术驱动型企业的优势是底层技术做得很到位，系统安全、稳定、可扩展性高。

运营驱动型企业——运营人员规划好一个软件系统产品，产品、技术、设计人员按照运营人员的规划执行和开发。运营驱动型企业的优势是接近市场，便于企业运营，经常变更流程和逻辑，导致无法修改系统底层。

产品驱动型企业——产品经理规划好一个软件系统产品，技术、设计、运营人员按照产品人员规划好的系统产品执行和开发。产品驱动型企业的优势是交互性强，系统流畅稳定，功能齐全，后台管理灵活变更和切换；劣势是开发时间长。

不管是技术、运营、产品哪个驱动软件系统，各有优劣。正如一个老板天天黑着脸，一个老板天天笑着，作为员工，你喜欢哪个老板？有的员工喜欢黑着脸的老板，这样才可以严肃认真地工作；有的员工喜欢天天笑的老板，这样才可以轻松工作、快速思考。

为什么互联网这么热门呢？因为先手制变、后手应变、活子求变、逢紧拆变、人事变、局势跟着变，所以系统运营与管理任何时候都离不开"变"字。大家都在求变，互联网整个行业是变化最快、最成功的，它告诉我们变最缺的是行动，行动才能成功。

本书介绍了移动互联后台系统运营与管理的大量实例，希望读者阅读完本书后，有所收获。有所收获的同时，也希望读者有所行动，能够懂得移动互联后台系统运营与管理的理论知识，在实际工作中能够规划出比本书更优秀的PC端和App端前台与后台系统，制定出更优秀的系统逻辑规则，使企业的系统运营与管理变得更好，达到学以致用的效果，为企业、为社会创造更多的价值。

本书共16章。第1章讲解移动互联后台系统运营与管理的工具；第2～11章讲解实际的移动互联后台系统运营与管理；第12章讲解个人站长运营电商平台系统的全过程；第13章讲解互联网平台运营的文档；第14章讲解Linux常用命令；第15章讲解电商平台系统后台框架规划；第16章浅谈系统运营相关的内容。

本书配备了PPT电子课件，老师可用于课堂教学，学生可用于把握知识要点、深度学习，其他读者可用于与实体书籍配合阅读，衷心希望本书能够对读者有所帮助。

读者可扫描如下二维码下载相关资源。

内容提要

作者曾经使用开源系统，运营与管理过的系统包括个人博客、社区、项目管理、摄影图库站、CRM（Customer Relationship Management，客户关系管理）系统、CMS（Content Mauagement System，内容管理系统）、OA（Office Automation，办公自动化）系统、HR（Human Resource，人力资源）管理系统、社交系统、互联网金融系统、POS机代收代付系统、电子商务系统、搜索引擎系统、Wiki知识库系统等。

本书内容涉及移动互联后台系统运营与管理实际工作中的实用知识，涵盖运营与管理工具、实际系统运营与管理案例、运营底层逻辑、运营文档的相关内容。

编写本书的目的是让技术人员、业务人员、管理人员能明白和理解移动互联后台系统运营与管理，进而做出更灵活、更优秀的PC端和App端软件系统产品，使移动互联后台系统的运营与管理行业能够快速发展。

　　本书讲解了大量移动互联后台系统的运营与管理实例，适合互联网产业链的相关人员阅读，也可作为相关培训机构和高等院校相关专业的教学用书。

读者对象

- ◆ 软件项目管理。
- ◆ 产品经理。
- ◆ 需求分析师。
- ◆ 设计师。
- ◆ 开发工程师。
- ◆ 测试工程师。
- ◆ 运维工程师。
- ◆ 运营人员。
- ◆ 企业管理人员。
- ◆ 互联网风险投资人员。
- ◆ IT审计师。
- ◆ 互联网爱好者。
- ◆ 互联网相关培训机构。

勘误与联系方式

　　在本书的撰写、编辑、出版过程中，清华大学出版社做了大量的工作，为本书的出版工作做了重大贡献。如果读者发现本书的不足或有好的建议，欢迎您通过清华大学出版社网站（www.tup.com.cn）与我们联系。

致敬

Miitbeian	Github	bugly	Bootstrap
Discuz	Phpwind	WordPress	Bo-Blog
Dedecms	Joomla	Magento	Opencart
Pgyer	Drupal	Prestashop	Shopify
Fastadmin	phpbb	mybb	oxwall
Ecshop	zuitu	php-multishop	sourceforge
Elefantcms	getanahita	Z-BlogPHP	highcharts

Drupal	getlilina	laravel	symfony
Nette	codeigniter	Yii	dubbo
ueditor	kindeditor	simditor	ckeditor
xheditor	summernote	nodebb	discourse
Zookeeper	Flarum	esotalk	fluxbb
Vanilla	xiuno	uikit	Django
Struts2	Echo	turbine	Smarty
Cordova	pure	materialize	Semantic
Skeleton	JetBrains	AppFuse	jsonlint
Confluence	Phabricator	jira	fir
Dribble	Deviantart	Behance	huaban
Phpmyadmin	pebble	TscanCode	Zeroboard
Zentao	Neditor	ITPUB	CentOS
Ubuntu	FlashFXP	ThinkPHP5	v2ex

　　向上述和其他未提及的所有开源系统和程序、开源框架、开源插件、设计资源分享的网站和企业致敬!

　　您们为互联网行业的发展做出重大贡献,使得社会和企业移动互联发展更加快速、稳定、智能!

鸣谢

乌云高娃	高继民	薛海燕
吴 涛	李俊平	傅向华
贾 森	杜文峰	李俊宏
林伟明	王 梅	刘君贤
陈冬梅	李 欲	许海明
刘颖麒	吴 彬	陈 驰
王关贵	陈信廷	耿延超
白景宇	深圳职业技术学院	深圳大学

（排名不分先后）

目　录

第 1 章

引 言

移动端指可以在移动中使用的设备，广义的理解，包括电脑端和手机端的移动产品。人们使用笔记本电脑和手机就可以随时随地办公。

互联网（英语称Internet），即网际网络，或者英语音译为因特网，始于1969年美国的阿帕网（ARPA）。互联网是网络与网络之间串联成的庞大网络，这些网络以一组通用的协议相连，形成逻辑上的单一巨大国际网络。这种将计算机网络互相连接在一起的方法称作"互联网络"，在此基础上发展出的覆盖全世界的全球性互联网络称为互联网，即互相连接在一起的网络结构。互联网并不等同于万维网，万维网（World Wide Web）只是一个基于超文本相互链接而成的全球性系统，而且是互联网所能提供的服务之一。

系统指的是在计算机或手机里让软件运行的环境，包括硬件环境和软件环境。

后台系统指的是程序系统可以通过后台程序实现编辑、删除、修改、查询数据库信息的功能。系统前台调用数据库的信息，而不是系统后台直接修改系统前台的信息。

运营与管理指的是管理人员可以通过后台程序设置运营过程的计划、组织、实施和控制，是与产品生产和服务创造密切相关的各项管理工作的总称。运营与管理是现代企业管理科学中最活跃的一个分支，也是新思想、新理论大量涌现的一个分支，能够帮助企业直接或间接地创造价值。

软件和硬件结合的案例如下。

◆ 柜员机的诞生，使银行的柜台员工大量减少。

◆ 计算机（俗称电脑）的诞生，使员工的数量大量减少，同时用纸也减少。

◆ 智能手机的诞生，使人能够随时随地地查询大量的信息、办理业务。

◆ 机器设备的诞生，使人能够快速建造楼房、快速搬运重货物。

◆ 自动化机器的诞生，能够代替人做较简单的工作，如洗衣机、扫地机等自动工作。

◆ 电梯系统的诞生，能够代替人走楼梯，节省时间。

◆ 智能家居的诞生，能够使用户异地开、关任意家用电器。

◆ 手机支付的诞生，能够快速支付，无须商家找零钱，无须用户带现金购物。

以上案例说明，软件和硬件的结合，能够极大地提高工作效率，减少企业的成本。

未来将出现越来越多的移动互联系统，取代人类大部分的工作。互联网系统可以不眠不休地工作，通过少量的人员运营与管理即可为企业实现价值最大化。

本书主要讲解移动互联后台运营与管理的功能和用法，希望读者学以致用，能把好的功能引入企业系统中。个人站长能明白整个移动互联系统运营与管理的过程和功能，业务运营与管理人员可以引入更好的功能，懂得安排技术人员和业务人员执行。

运营与管理就是管人和管系统，通过运营与管理工具即可实现其功能。运营与管理人员可以使用FreeMind、Axure RP、Visio工具描述运营需求。系统上线正式运作后，运营人员需要为业务人员和外部人员撰写教程文档、合作文档，可以使用PowerPoint、Photoshop工具。如果几个人创业，使用FTP、AppServ、CactiEZ、VMware Workstation工具，可以帮助创业公司架设自己公司的网站系统，进行监控和管理。

接下来介绍运营与管理的常用工具：FreeMind、Axure RP、Visio、PowerPoint、Photoshop、FTP工具、AppServ、CactiEZ、VMware Workstation。

1.1　FreeMind

目前最常用的思维导图软件有FreeMind、MindManager和XMind等。

FreeMind是一款用Java语言开发的免费的自由思维导图软件，它支持Windows和Linux等多种操作系统。FreeMind具有一键展开和折叠的功能，能够快速看清楚思维的深度和宽度。它的安装文件小、占用CPU和内存小、功能齐全，在计算机上开启多款软件工作时也很流畅，所以推荐FreeMind这款思维导图软件。

思维导图也称作心智图，是表达发散性思维的有效的图形思维工具，是一种革命性的思维工具。思维导图使用图文并重的技巧，把各级主题的关系用相互隶属与相关的层级图表现出来，把主题关键词与图像、图标和颜色等建立记忆链接。

思维导图充分运用左脑和右脑的机能，利用记忆、阅读、思维的规律，协助人们在科学与艺术、逻辑与想象之间平衡发展，从而开启人类大脑的无限潜能。由此可见，思维导图具有人类思维的强大功能。

思维导图是一种将放射性思考具体化的方法。放射性思考是人类大脑的自然思考方式，每一种进入大脑的数据资料，不管是感觉、记忆或是想法，包括文字、数字、符码、香气、食物、线条、颜色、意象、节奏、音符等，都能成为一个思考中心，此思考中心还能向外发散出成千上万的关节点，每一个关节点代表与中心主题的一个连接，而每一个连接又可以成为另一个中心主题，再向外发散出成千上万的关节点，呈现出放射性立体结构，而这些关节点的连接可以视为用户的记忆和想法，也就是用户的个人数据库。

从思维导图能够看出整个思维的深度和宽度。业务人员使用思维导图的方式提交需求，这样技术人员很容易看出整个项目的难易度和功能，快速地开发系统产品。运营人员使用思维导图的方式提交需求，这样产品经理很容易看出运营人员想如何运营系统和系统的难易度，快速地规划系统产品。

FreeMind常见的文件格式扩展名为mm。具体软件图标和目前较常用版本如下表所示。

软件图标	目前较常用版本
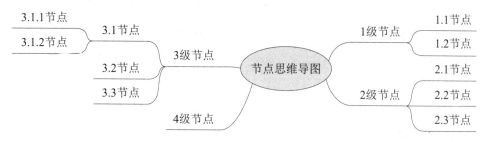	FreeMind 1.0.0，FreeMind 1.2.0

接下来通过一个案例进行介绍。下图所示为使用FreeMind制作的节点思维导图。

这个"节点思维导图"应该如何查看呢？

第一，"节点思维导图"可命名为"项目的名称"或"中心主题"，所有节点以此为中心。

第二，一级的节点包括"1级节点""2级节点""3级节点""4级节点"（它们的上级都是"节点思维导图"，即深度为1）。

第三，二级的节点包括"1.1节点""1.2节点""2.1节点""2.2节点""2.3节点""3.1节点""3.2节点""3.3节点"（它们拥有上级和上上级节点，即深度为2）。

第四，三级的节点包括"3.1.1节点""3.1.2节点"（它们拥有上级和上上级、上上上级节点，即深度为3）。

由此可见，此"节点思维导图"的总深度为3。

"节点思维导图"的详细文字说明方式如下。

◆ **1.（1级节点）**

o 1.1节点：写入×××的详细内容

o 1.2节点：跳转至×××的详细内容

◆ **2.（2级节点）**

o 2.1节点：调用×××的详细内容

o 2.2节点：判断×××的详细内容

o 2.3节点：写入×××的详细内容

◆ **3.（3级节点）**

o 3.1节点：写入×××的详细内容

o 3.1.1节点：显示×××的详细内容

o 3.1.2节点：写入×××的详细内容

o 3.2节点：写入×××的详细内容

o 3.3节点：调用×××的详细内容

◆ **4.（4级节点）**

注：每一个节点都会有文字说明，采用以上方式能够清楚地描述细节内容。

运营与管理：运营与管理人员可以利用思维导图帮助思考和头脑风暴，让技术人员和业务人员执行更快捷，使软件的实际功能逻辑更接近运营规划的思维导图。

1.2　Axure RP

Axure RP是一个专业的快速原型设计工具。Axure代表Axure Software Solution公司，RP则是Rapid Prototyping的缩写，即快速原型的意思。

Axure RP是美国Axure Software Solution公司的旗舰产品，是一个专业的快速原型设计工具，让负责定义需求和规格、设计功能和界面的专家能够快速创建应用软件或Web网站的线框图、流程图、原型和规格说明文档。作为专业的原型设计工具，它能快速、高效地创建原型，同时支持多人协作设计和版本控制管理。

目前Axure RP已经被许多互联网企业采用。Axure RP的使用者主要包括商业分析师、信息架构师、可用性专家、产品经理、IT咨询师、用户体验设计师、交互设计师、界面设计师、心理学家、架构师、程序开发工程师等。目前深圳、北京、上海、广州的互联网人员中，90%都在使用Axure RP原型设计工具。

使用Axure RP意味着软件产品采用原型模型驱动。运营与管理需求人员可以使用Axure RP描述想要做出的功能和逻辑，也可以做出规范的原型模型。

运营与管理：运营与管理人员可以使用Axure RP软件工具，绘制平面化的交互图，表达软件的行为，表达运营的想法。Axure RP通过即见即所得的原理，便于产品经理、设计师、开发工程师执行项目，提高项目效率。

Axure RP绘图文件格式扩展名为rp。其软件图标和目前较常用版本如下表所示。

软件图标	目前较常用版本
RP	Axure RP 6.0，Axure RP 6.5，Axure RP 7.0，Axure RP 8.0，Axure RP 9.0

Axure RP Pro 7.0软件界面如下图所示。

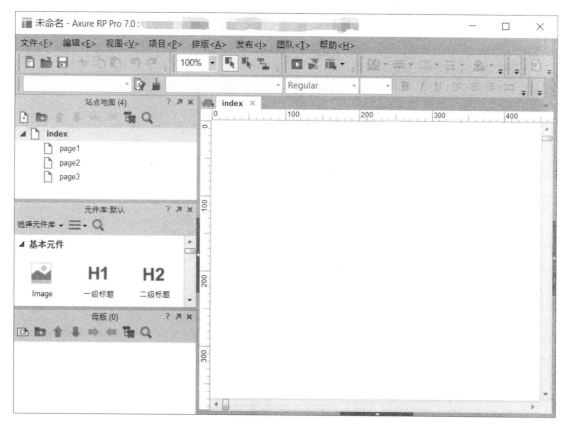

Axure RP 8.0软件界面如下图所示。

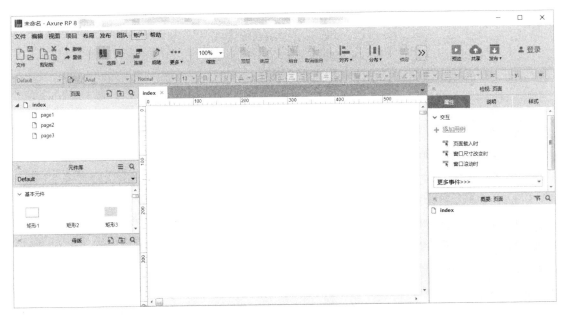

Axure RP 9 Pro软件界面如下图所示。

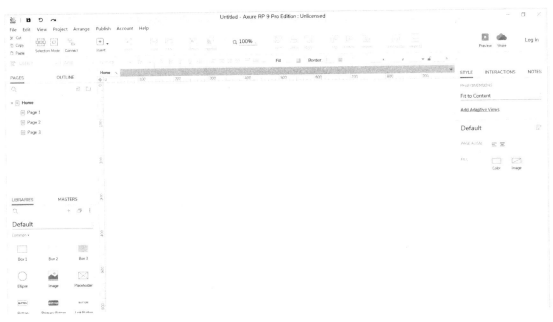

使用Axure RP软件绘制的移动互联网APP的界面如下图所示。

1.3 Visio

Microsoft Office Visio（简称Visio）是一款专门绘制流程图、示例图、模型图和结构图的软件，适合互联网IT技术人员和业务人员用于描述复杂的业务、系统和流程，进行可视化处理、分析和沟通交流的专业软件。使用Visio绘制图表，可以更加了解系统的内部结构、业务流程和系统流程，深入了解复杂的信息细节并利用这些细节知识做出更好的业务决策。

Visio能创建具有专业外观的图表，以便理解、记录与分析信息、数据、业务、系统和过程。

目前很多图形软件程序着重于艺术和美化功能。Visio软件着重于表达和实现业务、系统和流程的思维。当用户使用Visio软件时，使用可视方式传递重要信息，打开模板，将左边的形状拖动到右边绘图中，即可轻松完成图表。Visio创建图表简单、快捷，无论是业务人员还是技术人员使用，都能表达出复杂的思维，便于管理层业务决策、技术层开发、产品层规划、业务层规范业务。

Visio常见的绘图文件格式扩展名为vsd、vdw。其软件图标和目前较常用版本如下表所示。

软件图标	目前较常用版本
	Visio 2003，Visio 2010，Visio 2013，Visio 2016，Visio 2018

运营与管理：运营与管理人员可以使用Visio软件，绘制业务流程图，让运营成员了解整个业务的运作流程及每一个业务流程的细节，最终促进业务高效运作。

Visio 2010软件界面如下图所示。

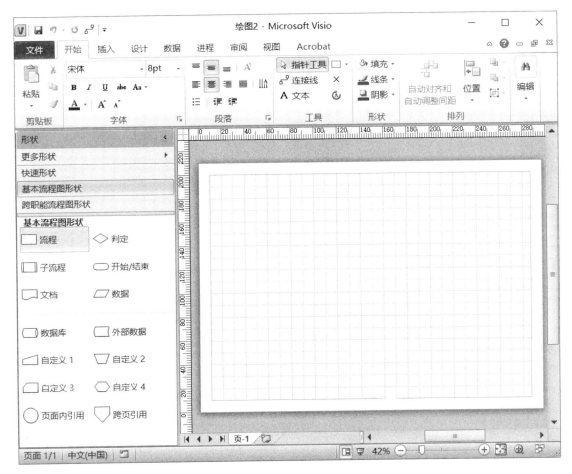

1.4 PowerPoint

Microsoft Office PowerPoint简称PPT，是一款演示文稿软件。用户可以在投影仪和计算机上演示PowerPoint文件，也可以把演示文稿打印出来作为教程、存档。PowerPoint文件的每一个页面称作幻灯片。

PowerPoint通常用的场合包含会议、讲座、课堂、培训、远程教学、工作总结、融资合作等。

PowerPoint常见的文件格式扩展名为ppt、pptx。其软件名称和目前较常用版本如下表所示。

软件图标	目前较常用版本
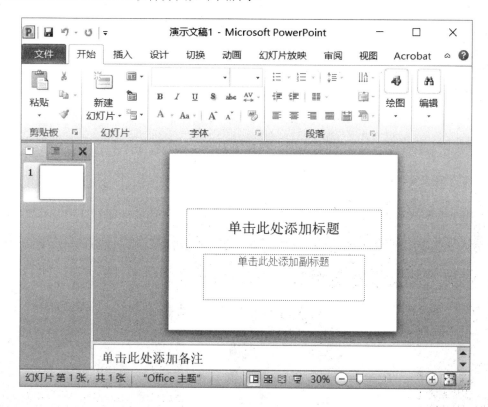	PowerPoint 2003，PowerPoint 2010，PowerPoint 2013，PowerPoint 2016，PowerPoint 2018

运营与管理：运营与管理人员使用PowerPoint软件工具，制作各种会议、讲座、课堂、培训、教学、工作总结、融资合作的文档，可以使运营与管理高效运作，并且可以把文档留存给新入职的员工学习。

Office PowerPoint 2010软件界面如下图所示。

1.5 Photoshop

Photoshop简称PS，是一款图形图像处理软件工具。Photoshop主要处理使用像素所构成的数字图像。Photoshop有众多功能，在图形、图像、文字、视频、印刷出版等领域都可以使用。

Photoshop支持Windows操作系统、Linux操作系统、iOS系统、Android系统等。

运营与管理人员可以使用Photoshop软件工具，查看PSD设计源文件。简单修改PSD设计图里的文字、调整颜色、导出为jpg图片，使运营工作效率提高。

例如，设计师做了一张广告设计图，用了一段时间后，运营人员想简单更改广告图里面的几个文字。这时，运营人员可以自行使用Photoshop软件，简单修改PSD图里的文字内容，导出jpg图片，把更改文字的jpg图片上传到网站即可。

Photoshop常见的文件格式扩展名为psd、pdd。其软件图标和目前较常用版本如下表所示。

软件图标	目前较常用版本
Ps	Photoshop CC 2018，Photoshop CC 2017，Photoshop CC 2015，Photoshop CS6

运营与管理：运营与管理人员使用Photoshop工具软件，可以自己简单处理相关的图，提高运营效率。个人站长必须要学会修改设计图，业务运营必须要学会安排设计人员和项目人员处理设计图，懂得什么是PSD设计源文件。

Photoshop CC的软件界面如下图所示。

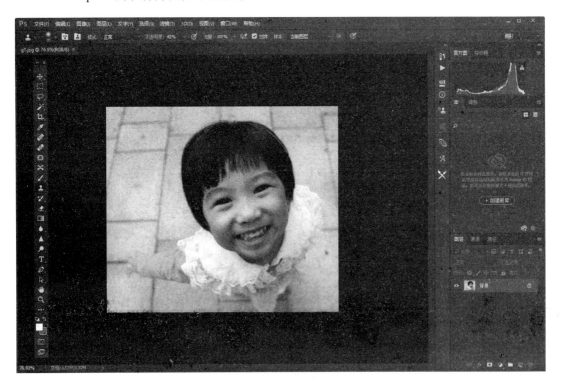

1.6 FTP工具

FTP（File Transfer Protocol，文件传输协议）是让网络用户在互联网上互相传送文件而制定的文件传输标准，规定了互联网上文件如何传输。简而言之，通过FTP，互联网用户的计算机可以把文件上传（Upload）或下载（Download）到FTP服务器。

FTP上传、下载的软件工具包括FlashFXP、FileZilla、Xftp、CuteFTP、PuTTY等。

FTP服务器地址或URL、端口号、用户名、密码均是服务器商家分配给网站站长的。

目前服务器商家较著名的有腾讯云、阿里云、百度云、网易云、美团云、滴滴云、京东云、华为云、亚马逊云、Linode、Vultr、UCloud等。

> **运营与管理：** 个人网站站长可以使用FTP工具上传或下载文件到FTP服务器端。业务运营人员要懂得其功能和作用，安排相关技术人员处理即可。

1.6.1 FlashFXP上传和下载方法

双击打开FlashFXP软件→单击▣按钮→单击"快速连接"按钮，弹出如下图所示的对话框。

在对话框中输入地址或URL、端口、用户名称、密码，然后单击"连接"按钮，即可成功登录。

登录成功后，显示的界面中左侧为本地计算机的内容，右侧为服务器端的内容，如下图所示。

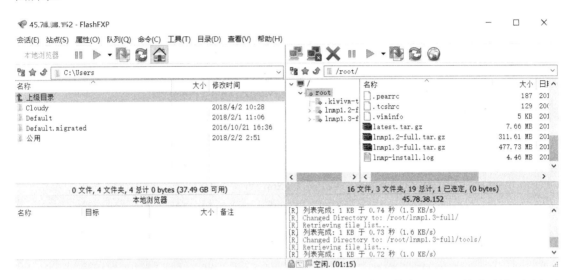

那么如何上传文件到服务器端呢？选中本地计算机中的文件夹hello（按住鼠标左键不要松开），拖动文件到服务器的位置，如图中区域1所示，然后松开鼠标左键。

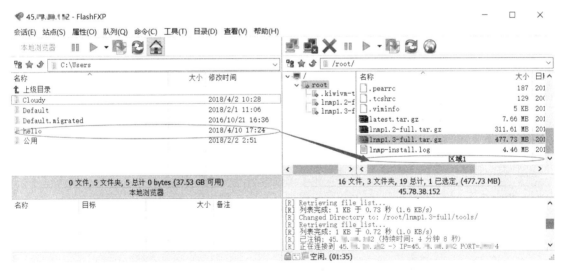

左下方"本地浏览器"的位置则显示上传的文件列表，如下图所示。

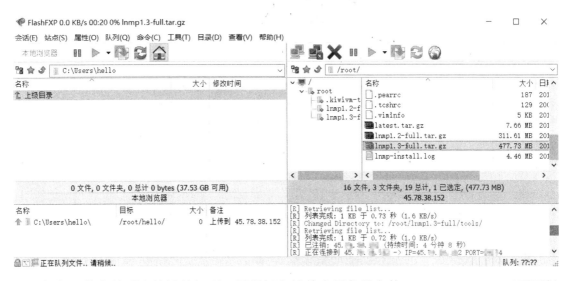

如何下载文件到本地计算机呢？用鼠标左键单击服务器文件lnmp1.3-full.tar.gz（不要松开鼠标左键），拖动文件到本地计算机的区域1，拖动成功后，左下方"本地浏览器"的位置区域2则显示下载的文件列表。

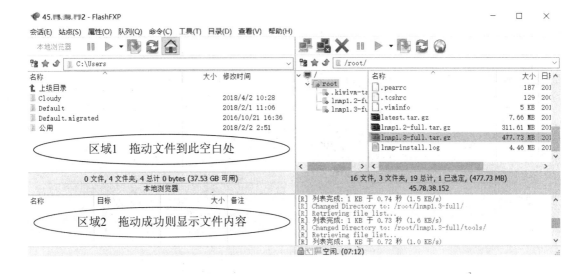

1.6.2 PuTTY上传和下载方法

使用PuTTY上传和下载文件共有两种方法。

方法一：打开并登录PuTTY→安装vsftpd→创建权限账户→使用FTP软件上传。

步骤1：双击PuTTY软件。

步骤2：打开PuTTY后，输入服务器IP地址和端口号，选择SSH登录方式，如下图所示。

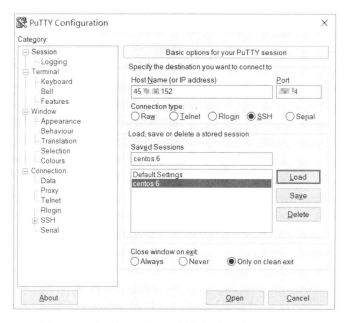

步骤3：单击Open按钮后，需要输入管理员的账号和密码，如下图所示。

步骤4：使用如下命令列出软件包vsftpd，如下图所示。

```
rpm -qa|grep vsftpd
```

如果未找到vsftpd，则输入命令安装vsftpd。

```
yum install vsftpd
```

步骤5：安装好vsftpd后，使用管理员账户登录FTP软件，即可上传和下载文件，如下图所示。

如果账户权限不足，则需要使用chown命令授权。

使/usr/loca/mysql目录包含所有的子目录和文件，所有者改变为root，所属组改变为mysql，命令如下。

```
chown -r root: mysql /usr/local/mysql
```

将/home/www/default的权限改变为777，命令如下。

```
chmod 777 /home/www/default
```

若登录成功，则可以查看此账号有权限的文件内容，拖动文件即可上传和下载相关的文件内容，如下图所示。

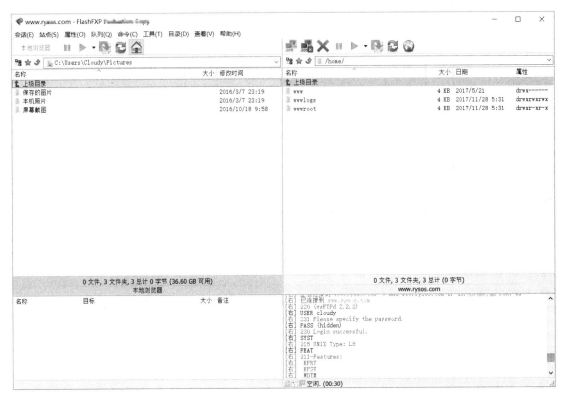

方法二：直接使用scp命令上传和下载（Linux客户端对Linux服务器）文件。

PuTTY软件可以使用scp命令通过SSH上传和下载文件，具体步骤如下。

（1）从服务器下载文件到本地（单个文件下载）。

命令格式：scp username@servername：/path/filename /var/www/local_dir

实例：scp root@192.168.0.1：/var/www/cloudy.zip /var/www/local_dir

解释：把192.168.0.1上的/var/www/cloudy.zip的文件下载到本地目录/var/www/local_dir。

（2）将本地计算机文件上传到服务器（单个文件上传）。

命令格式：scp /path/fileneme username@servername：/path

实例：scp /var/www/cloudy.zip root@192.168.0.1：/var/www/

解释：把本地计算机上和/var/www/cloudy.zip文件上传到192.168.0.1服务器的/var/www/目录。

（3）从服务器下载整个目录到本地（多个文件下载）。

命令格式：scp –r username@servername：/var/www/remote_dir/ /var/www/local_dir

实例：scp –r root@192.168.0.1：/var/www/cloudy   /var/www/

解释：从服务器192.168.0.1：/var/www/cloudy下载整个cloudy目录到本地/var/www/目录。

（4）将本地计算机目录上传到服务器（多个文件上传）。

命令格式：scp –r local_dir username@servername：remote_dir

实例：scp –r cloudy root@192.168.0.1：/var/www/

解释：将本地计算机上的cloudy目录上传到服务器/var/www/目录。

1.7 AppServ

在Windows系统下架设PHP+MySQL网站的安装软件有AppServ、Wamp等。在Linux系统下架设PHP+MySQL网站的安装软件有LNMP。

AppServ集成安装包所包含的软件有Apache、Apache Monitor、PHP、MySQL、phpMyAdmin等。AppServ是PHP+MySQL网站工具的集成包，安装完成后，运营与管理人员可以下载一些开源的软件，研究和分析各种软件的功能和流程，提交需求或展示功能，让技术人员实现。

个人网站站长可以测试各种PHP+MySQL的开源系统，了解更多的系统功能，把各种程序的好功能引入企业系统中，使运营更加便捷、省时、省力。企业业务运营人员要懂得AppServ的功能和作用，安排技术人员搭建测试系统和正式系统。

接下来介绍AppScrv的安装方法。

步骤1：双击下载的软件安装包，显示的安装界面如下图所示。选择安装的路径后，单击Next按钮。

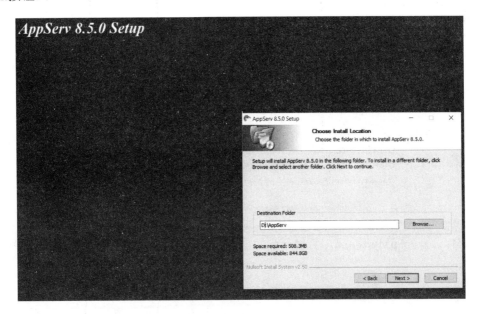

步骤2：用户可以选择安装的组件包，组件包内容包括Apache HTTP Server、MySQL Database、PHP Hypertext Preprocessor、phpMyAdmin。选择组件包后，单击Next按钮。

步骤3：页面提示安装成功，服务器显示网站的首页内容，如下图所示。

步骤4：访问phpMyAdmin，可以看到数据库，则表示数据库安装成功，如下图所示。

phpMyAdmin

localhost/phpmyadmin/index.php

Recent Favorites

- New
- information_schema
- mysql
- performance_schema
- sys
- ultrax

Server: localhost

Databases | SQL | Status | User accounts | Export | Import | Settings | Replication | Variables | Charsets | Engines | Plugins

General settings

- Change password
- Server connection collation: utf8mb4_unicode_ci

Appearance settings

- Language: English
- Theme: pmahomme
- Font size: 82%
- More settings

Database server

- Server: localhost via TCP/IP
- Server type: MySQL
- Server version: 5.7.15-log - MySQL Community Server (GPL)
- Protocol version: 10
- User: root@localhost
- Server charset: UTF-8 Unicode (utf8)

Web server

- Apache/2.4.23 (Win32) OpenSSL/1.0.2h PHP/5.6.26
- Database client version: libmysql - mysqlnd 5.0.11-dev - 20120503 - $Id: 76b08b2456e12d465bbd41fe93cccc85aac2fe7/a $
- PHP extension: mysqli curl mbstring
- PHP version: 5.6.26

phpMyAdmin

- Version information: 4.6.4
- Documentation
- Official Homepage
- Contribute
- Get support
- List of changes
- License

The phpMyAdmin configuration storage is not completely configured, some extended features have been deactivated. Find out why.
Or alternately go to 'Operations' tab of any database to set it up there.

The configuration file now needs a secret passphrase (blowfish_secret).

Console
Press Ctrl+Enter to execute query

Options History Clear

在网页中输入地址http：//localhost/phpmyadmin即可查看数据库的相关信息。

localhost指本地服务器，等同于IP地址127.0.0.1。

1.8　CactiEZ

CactiEZ可以对Windows和Linux服务器进行监控。一般在CentOS操作系统上安装CactiEZ监控软件，当服务器出现异常时，系统可以实时发送邮件或手机短信通知管理员。

登录CactiEZ后的界面如下图所示。

运营与管理：个人网站站长可以实时监控服务器运行是否正常。企业运营与管理人员可以要求运维人员使用CactEZ监控软件，提高系统安全性。

1.9　VMware Workstation

VMware Workstation是一款桌面虚拟机软件，为用户提供在单一桌面上同时运行不同操作系统进行开发、测试、部署新的应用程序的解决方案。

借助VMware Workstation软件，用户可以建立多个窗口，在每一个窗口建立一个操作系统。

桌面上的多台虚拟机系统之间可以相互切换，挂起、恢复和退出虚拟机等操作不会影响实体主机操作系统和任何正在运行的应用程序。

VMware Workstation的软件界面如下图所示。

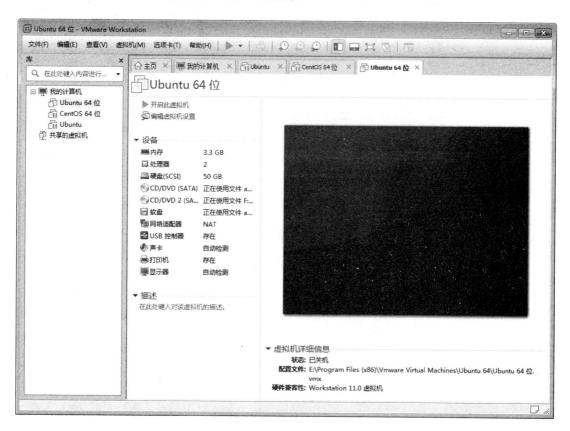

说明

　　在VMware虚拟机上安装了Ubuntu操作系统，可以使用Ubuntu系统的界面图，如下图所示。

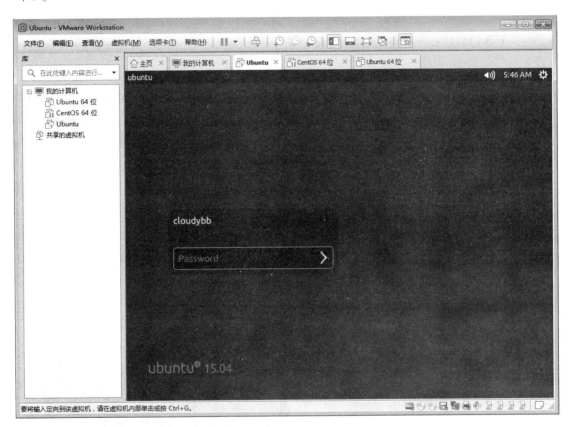

运营与管理：使用VMware Workstation软件，运营与管理人员可以在计算机上安装多个操作系统，再在虚拟机操作系统上安装软件，调研和研究各种开源系统和软件，避免实体系统中病毒或崩溃。

什么是基础服务模块呢？

基础服务模块通常是指大多数互联网软件程序都拥有的功能模块，这些模块存在于CRM（Customer Relationship Management，客户关系管理）、B2C（Business-to-Customer，企业对消费者）电商系统、C2C（Consumer-to-Consumer，企业对企业）团购系统、OA（Office Automation，办公自动化）系统、博客系统、BBS（Bulletin Board System，电子公告牌系统）、社交系统、业务系统等系统程序中。

基础服务模块的常见功能包括注册、登录、邀请链接、友情链接、基础设置、日期格式设置、时间格式设置、备案号设置、新闻发布、评论留言和审核、发布内容显示的网站地址设置、已删除文章管理、创建部门、新建用户、变更部门、表单类型说明、定时任务、表情管理、邮箱发送验证码注册、更新缓存、订单查询等。

无论是计算机端还是手机端，开发使用的程序是会变的，设计的位置和图也是会变的，但是流程和功能是不会变的。因此对于运营人员和管理人员来说基础服务模块是很容易学习和管理的。

手机端目前常见的有iOS系统和Android系统。iOS系统应用包括iOS源程序开发的应用和HTML5开发的应用。Android系统应用包括Android源程序开发的应用和HTML5开发的Android应用。

本章所涉及的"前台页面"指一般用户查看的系统程序页面，包括计算机端和手机端；"后台页面"指系统管理员查看到的系统程序后台管理页面，包括计算机端和手机端。

接下来分功能介绍各个基础服务模块。

2.1 注册（方法一）

注册的概念

注册指用户提交账号、密码等相关注册信息。提交数据前的过程称为注册过程。

提交后，数据库记录了该用户的账号、密码等相关信息，则用户注册成功。

有一部分系统在注册时，没有选填内容，用户输入必填的信息内容即可。

适合范围

注册适合电商系统，内容管理系统（Content Management System，CMS），OA系统，社交系统，博客系统，金融系统（银行、基金、证券），ERP（Enterprise Resource Planning，企业资源计划）进销存系统，CRM（客户关系管理）系统，协同管理系统，新闻系统，项目管理系统，Bug跟踪系统等。

目的

企业的目的：企业的业务发展。例如，用户注册后，企业可以对用户营销，给用户发送优惠券、发送系统站内短信，用于数据分析等。

用户的目的：可以便捷地使用系统里的功能。例如，注册后，才可以了解或下载更多的信息内容。注册后，购买商品不需要每次都输入收货的信息内容。

注册就是为了吸引更多的会员，使用户可以登录并使用系统里的功能。

如果用户填写的选填内容越多，那么企业通过数据分析，可以更加精准地分析数据。

前台和后台的关系说明

（1）前台页面：用户输入正确的注册信息内容，并提交。

（2）数据库：系统记录用户的注册信息内容。

（3）后台页面：管理员查看数据库的注册信息内容。

下图展示了前台和后台的关系。

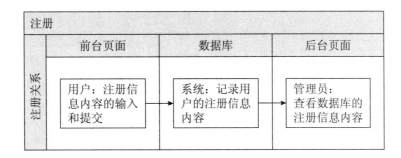

由此可见，只有用户先提交注册信息，系统才可以保存用户的信息，最后在管理后才可以查看系统数据库记录的注册信息内容。

实例

前台页面如下图所示。其中，左侧为计算机端注册页面，右侧为手机端注册页面。

注册用户提交的数据如下表所示（这里展示的是示例，实际情况以需求为准）。

资料名称	数据内容
E-mail	admin@rysos.com
用户名	rysos
密码	12345678
确认密码	12345678
手机号码	13666666666
验证码	ZPCX
所在城市	深圳市

说明

1. 注册成功后，数据库需要记录用户提交的所有信息。

2. 单击"注册"按钮后，数据库记录的内容包括E-mail、用户名、密码、确认密码、手机号码、验证码、所在城市等。

后台页面如下图所示。

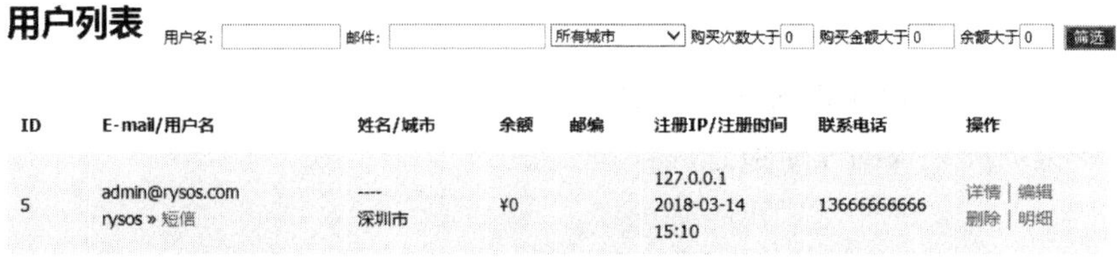

用户列表

用户名: [____] 邮件: [____] 所有城市 ▼ 购买次数大于 [0] 购买金额大于 [0] 余额大于 [0] [筛选]

ID	E-mail/用户名	姓名/城市	余额	邮编	注册IP/注册时间	联系电话	操作
5	admin@rysos.com rysos » 短信	---- 深圳市	¥0		127.0.0.1 2018-03-14 15:10	13666666666	详情 | 编辑 删除 | 明细

管理员可见用户注册的数据如下表所示（具体数据以实际需求为准）。

资料名称	数据内容
ID	5
E-mail	admin@rysos.com
用户名	rysos
密码	12345678
确认密码	12345678
手机号码	13666666666
验证码	ZPCX
所在城市	深圳市
注册IP/注册时间	127.0.0.1 2018-03-14 15:10
操作	详细 编辑 删除 明细

说明

1. 为安全起见，在后台管理中，没有把用户登录密码显示在后台页面中。但数据库中肯定保存了用户的密码，而且数据库通常会以加密的形式保存（如MD5加密）。

2. 若用户登录过网站系统，则系统后台都能获取到用户的IP地址和注册时间信息。

3. 管理员可以查询、编辑、删除用户注册的相关信息，其中密码、确认密码、注册IP/注册时间的内容管理员不可以更改，避免出现监守自盗的情况。

4. MD5即Message Digest Algorithm 5，中文名称为信息摘要算法第5版。互联网系统的用户密码通常使用MD5算法方式，确保密码信息传输的完整和安全。

备注：建议用户密码不要为123456、1234567、12345678、123456789等常用数字组合。管理员可能会记住123456的MD5密码e10adc3949ba59abbe56e057f20f883e，然后直接登录你的账户。

例如，MD5加密123456的结果如下图所示。

查询结果：
md5(123456,32) = e10adc3949ba59abbe56e057f20f883e
md5(123456,16) = 49ba59abbe56e057

5. 用户注册提交数据后，管理员可见用户注册的数据内容。

2.2 注册（方法二）

注册的概念

注册的概念见2.1节。

有一部分系统在注册时，用户还可以选择填写MSN、QQ、办公电话、家庭电话、手机等信息内容。

适合范围

注册适合电商系统，CMS，OA系统，社交系统，博客系统，金融系统（银行、基金、证券），ERP进销存系统，CRM系统，协同管理系统，新闻系统，项目管理系统，Bug跟踪系统等。

目的

企业的目的：企业的业务发展。例如，用户注册后，企业可以对用户开展营销活动，向用户发送优惠券、系统站内短信，用于数据分析等。

用户的目的：可以便捷地使用系统里的功能。例如，注册后，才可以了解或下载到更多的信息内容。注册后，购买商品不需要每次都输入收货的信息内容。

注册就是为了吸引更多的会员，使用户可以登录并使用系统里的功能。

用户不需要注册就可以购物，那么用户只能每次购物填写"收货人信息"的内容。填写收货人信息通常需要30～60s，中间可能会填写错误，那么需要更多的填写时间，在60～180s。

下图展示了计算机端收货人需要填写的信息。

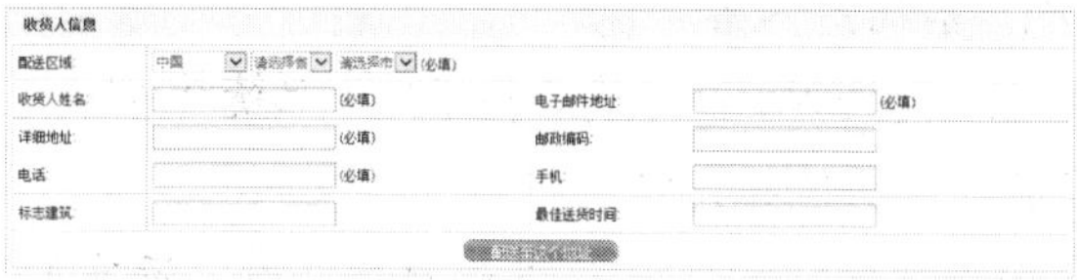

下图展示了手机端收货人需要填写的信息。

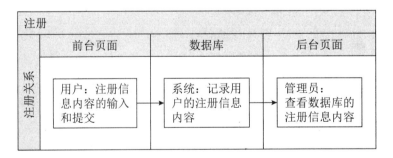

前台和后台的关系说明

（1）前台页面：用户输入正确的注册信息内容，并提交。

（2）数据库：系统记录用户的注册信息内容。

（3）后台页面：管理员查看数据库的注册信息内容。

下图展示了前台和后台的关系。

注册			
	前台页面	数据库	后台页面
注册关系	用户：注册信息内容的输入和提交	系统：记录用户的注册信息内容	管理员：查看数据库的注册信息内容

由此可见，先有用户提交的注册信息，系统才可以保存用户的信息，最后管理员才可以查看系统数据库记录的注册信息内容。

针对选填内容，数据如何流转呢？选填内容在用户、系统和管理员之间流转，具体如下。

◆ 用户：在前台页面提交选填的内容。

◆ 系统：就会记录用户选填的内容。如果用户提交时，没有输入选填的内容，那么数据库就保留为空值。

◆ 管理员：只要是数据库记录的信息，都可以查看数据库的注册信息内容。

例如，用户没有提交时间信息，数据库却记录了用户提交的时间，管理员就可以查看到提交时间。

实例

前台页面如下图所示。

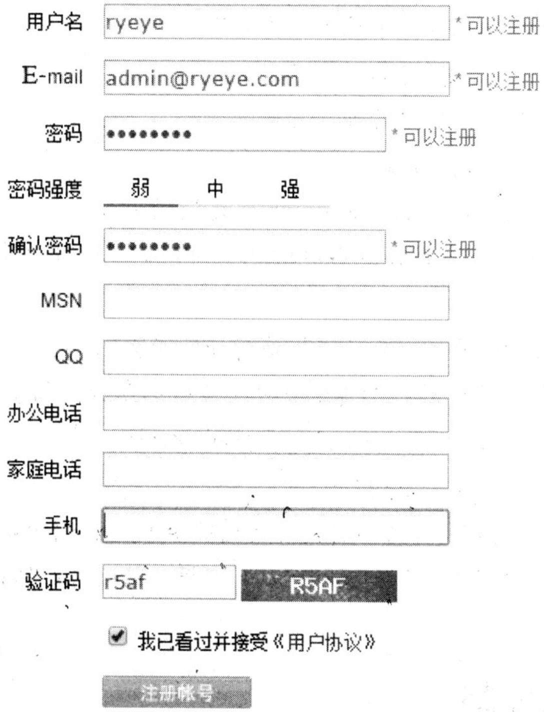

用户名	ryeye	* 可以注册
E-mail	admin@ryeye.com	* 可以注册
密码	●●●●●●●	* 可以注册
密码强度	弱　中　强	
确认密码	●●●●●●●	* 可以注册
MSN		
QQ		
办公电话		
家庭电话		
手机		
验证码	r5af　R5AF	

☑ 我已看过并接受《用户协议》

注册帐号

注册用户提交的数据如下表所示（这里展示的是示例，实际情况以需求为准）。

资料名称	数据内容
用户名	ryeye
E-mail	admin@ryeye.com
密码	12345678
密码强度	弱
确认密码	12345678
验证码	ZPCX
勾选协议	《用户协议》

说明

1. 注册成功后，数据库将记录用户提交的所有信息。

2. 用户提交的数据为空，则数据库记录为空。

个人电商系统的后台页面如下图所示。

编号	会员名称	邮件地址	是否已验证	可用资金	冻结资金	等级积分	消费积分	注册日期	操作
3	ryeye	admin@ryeye.com	X	0.00	0.00	0	0	2018-04-02	

说明

1. 编号：系统自动显示编号，常见规则为递增。

2. 会员名称：显示用户注册时的用户名。

3. 邮件地址：显示用户注册时的邮件地址。

4. 是否已验证：指邮箱是否通过验证。

5. 可用资金：通常指用户充值的资金和系统退还的资金。

6. 冻结资金：通常指用户购买商品后付过款的资金，这部分资金为冻结资金，用户不可提现。

7. 等级积分：通常指用户消费后，根据消费分的等级。

8. 消费积分：指用户消费后，消费金额可以获得的积分。例如，消费100元，获得消费积分为1积分，购买商品时，可以使用这1积分抵扣1元现金。

9. 注册日期：指用户注册成功的日期。

10. 操作：编辑、收货信息、订单信息、查看账单明细、删除账号。

由此可见，此后台管理员也无法查看到用户密码，这样可以保证用户的密码安全。

2.3 注册密码控制

注册密码控制的概念

注册密码控制指的是用户注册时输入密码的信息内容，管理员可以控制用户注册时所输入密码的强弱。

密码太弱，很容易被其他用户尝试出密码。例如，123456和123456789，这两个是许多人使用的密码。如果用户A的账号恰好与用户B的账号差不多，密码也是123456，那么用户A（B）很可能就登录了用户B（A）的账号。由此可见，控制注册密码的强度也是有必要的。

适合范围

注册密码控制适合电商系统，CMS，OA系统，社交系统，博客系统，金融系统（银行、基金、证券），ERP进销存系统，CRM系统，协同管理系统，新闻系统，项目管理系统，Bug跟踪系统等。

目的

企业的目的：减少企业成本，提高企业运营与管理效率。例如，对于过于简单的密码，用户经常点击手机便可获取新的密码，那么用户手机就会收到一条短信。这条短信虽然不扣减用户的费用，但是企业需要支付这条短信的费用。一条短信0.06元，一百条短信6元，一亿条短信600万元。

用户的目的：自己的账号安全，密码强一些，可以防止被盗。例如，使用带有数字、小写字母、大写字母、符号的密码，可以尽量避免穷举和枚举等方式暴力破解。

前台和后台的关系说明

（1）后台页面：管理员输入密码最小强度和勾选强制密码复杂度的内容，并提交。

（2）数据库和前台代码：数据库记录管理员的密码最小强度。前台程序强制用户按要求输入密码，否则用户无法注册。

（3）后台页面：注册时需要按管理员要求输入密码，才可以提交注册。

下图展示了前台和后台的关系。

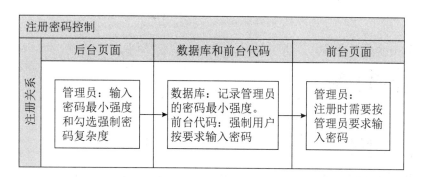

由此可见，首先需要管理员设置注册密码控制的内容，数据库和前台代码自动按管理员要求调整，最后用户必须按管理员要求输入密码。

实例

前台页面如下图所示。

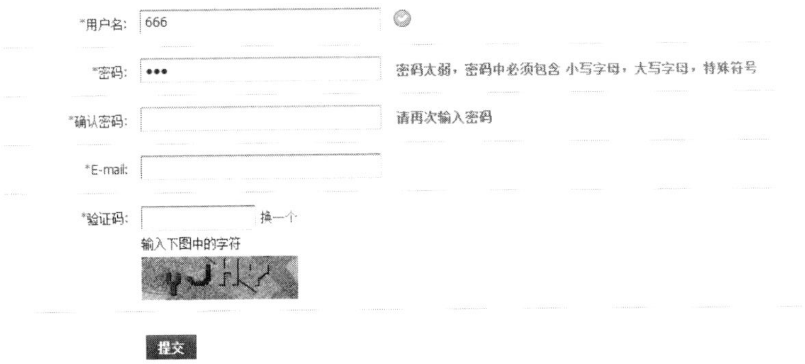

说明

用户注册时，密码需要含有数字、小写字母、大写字母、符号，通过后台管理可以控制注册时输入密码强度的要求。

后台页面如下图所示。

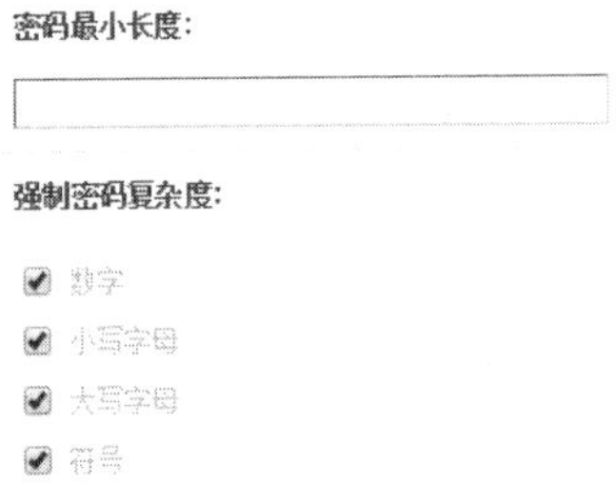

说明

1. 密码最小长度：不输入，则不限制。输入6，则密码必须为6位或以上。
2. 后台密码复杂度：若勾选一项或多项，则前台用户注册时必须输入已选项的内容。
3. 若不勾选后台强制密码复杂度，则用户注册时密码强度为不限制。
4. 管理员可以在后台控制用户注册时的密码复杂度。

2.4 注册用户验证

注册用户验证的概念

注册用户验证指的是用户提交注册信息内容后，需要E-mail验证或者人工审核验证注册用户的信息内容，验证通过后，用户才是正式的注册用户。

适合范围

注册用户验证适合电商系统，CMS，OA系统，社交系统，博客系统，金融系统（银行、基金、证券），ERP进销存系统，CRM系统，协同管理系统，新闻系统，项目管理系统，Bug跟踪系统等。

目的

企业的目的：提高用户信息的真实性。例如，E-mail验证，那么用户的邮箱必须是属于用户自己的邮箱，这样用户才可以收到邮件验证信息内容，保证了用户邮箱的真实性。同时企业后续推广和促销等活动，也保证了信息可以发送给用户。

用户的目的：可以便捷地使用系统里的功能。

前台和后台的关系说明

（1）后台页面：管理员设置新用户注册验证。如无、E-mail验证、人工审核等。

（2）前台代码：按管理的设置，强制注册用户按要求注册验证。

（3）前台页面：注册时需要按管理员要求验证。

下图展示了注册用户验证的前台和后台的关系。

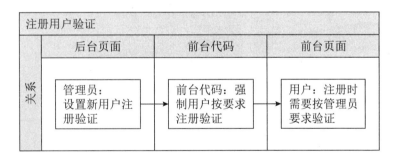

针对E-mail验证：

（1）前台页面：输入正确的注册信息。

（2）系统：系统自动发邮件给用户邮箱。

（3）前台页面：用户需单击邮件里的地址验证。单击后，即E-mail验证通过。注册审核已经通过，可以登录账号使用。

下图展示了E-mail验证的前台和后台的关系。

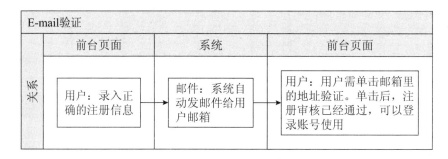

针对人工审核：

（1）前台页面：录入正确的注册信息。

（2）后台页面：人工审核用户注册提交的信息内容。

（3）前台页面：管理员单击通过后，则用户注册审核已经通过，可以登录账号使用。

下图展示了人工审核验证的前台和后台的关系。

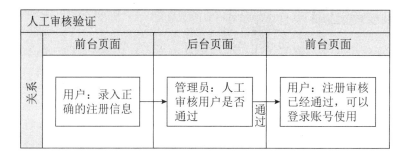

由此可见，注册用户验证功能可以使得系统很灵活，可以随时切换不需验证、E-mail验证、人工审核验证，便于企业运营与管理。

实例

用户提交数据时，前台页面如下图所示。

说明

1.用户注册数据提交后，需要E-mail验证或者人工审核验证注册用户。

2.用户提交后，若未审核通过，只能浏览部分内容，无法进行回复和留言等操作。

人工审核验证通过后，前台页面如下图所示。

13秒前

您的账号已通过审核。
管理员留言：注册审核已批准，欢迎光临！

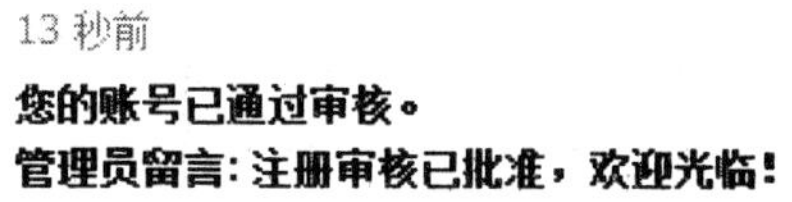

说明

通过人工审核后，用户会收到系统的短消息。

E-mail验证通过后，前台页面如下图所示。

请点击如下链接，以完成您账户的激活：
https://████████████████████████████████████a2c2ed94a7e90ea0338a655b448
(如果不能单击该链接地址，请复制并粘贴到浏览器的地址输入框)

13秒前

您的账号已通过审核。
管理员留言：注册审核已批准，欢迎光临！

说明

用户的邮箱将收到一封邮件，单击链接地址，E-mail验证通过，系统发送已通过审核消息给用户。

用户注册验证设置，后台页面如下图所示。

新用户注册验证：

◉ 无
○ E-mail 验证
○ 人工审核

说明

权限人员可以设置新用户注册验证的方式，如无、E-mail验证、人工审核。

1.无：指不需要验证，直接注册就可以通过。

2.E-mail验证：指需要用户注册的E-mail互动验证，常见的2种方式有单击E-mail链接地址验证和在网站输入邮箱验证码的验证。

3.人工审核：指需要通过权限人员手工在系统单击处理审核。

E-mail验证设置后台页面如下图所示。

邮箱激活状态：

○ 是　◉ 否

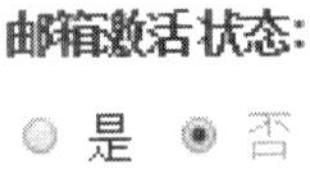

说明

1. 用户E-mail验证成功，邮箱激活状态为是；用户E-mail未验证，邮箱激活状态为否。

2. 用户E-mail未验证，权限管理人也可以手工处理，修改其邮箱激活状态为是。

人工审核设置，后台页面如下图所示。

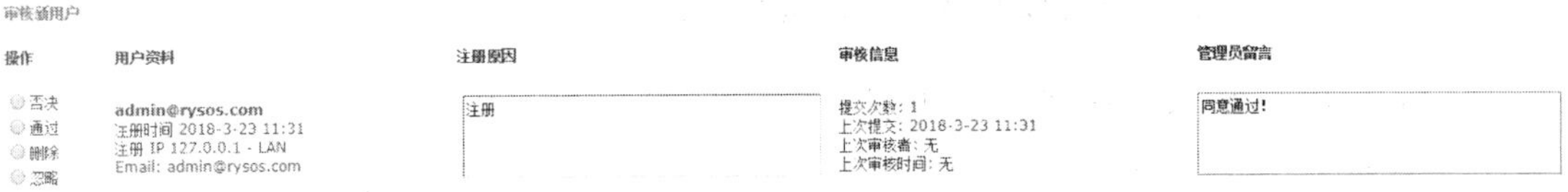

说明

1. 人工审核通过后，系统发送已通过审核消息给用户。

2. 常见的人工审核操作有否决、通过、删除、忽略。

2.5　登录痕迹

登录痕迹的概念

登录痕迹指用户登录时，输入的密码错误而无法登录，系统后台记录用户尝试的账号、错误密码、时间、IP地址。

适合范围

登录痕迹适合电商系统，CMS，OA系统，社交系统，博客系统，金融系统（银行、基金、证券），ERP进销存系统，CRM系统，协同管理系统，新闻系统，项目管理系统，Bug跟踪系统等。

目的

企业的目的：使平台更加安全。例如，某IP经常访问平台尝试用户的密码为123456，而平台又要求用户设置密码强度，那么几个用户的账号很可能被盗用。不显示完整的密码，也是为了防止管理员盗用用户的账号。

用户的目的：用户的资料和信息都保存在系统平台里，也希望平台更加安全。

前台和后台的关系说明

（1）前台页面：登录时，输入错误的账号或密码。

（2）数据库：记录用户登录的信息内容（如时间、IP地址、尝试用户名、尝试密码）。

（3）后台页面：查看数据库用户登录错误的信息内容。

下图展示了前台和后台的关系。

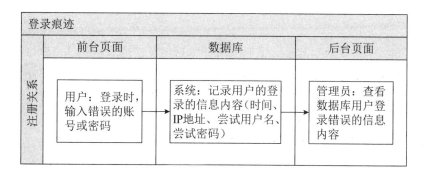

如果遇上某个IP经常尝试各种账号登录，那么可以限制其IP地址一段时间，这样可以使平台更加安全。

实例

前台页面如下图所示。

登录 或者 注册

E-mail / 用户名 _____

密码 _____ 忘记密码？

☑ 下次自动登录

[登录]

说明

1. 若用户输入正确的用户名和密码，则登录系统。

2. 若用户输入错误的用户名和密码，则系统后台记录相关的信息，包括时间、IP、尝试用户名、尝试密码。

后台页面如下图所示。

时间	IP 地址	尝试用户名	尝试密码
13-5-29 15:10	91.231.40.52	semiceasp	4bp***uT
13-5-29 15:00	91.231.40.51	intitsCal	xaW***hF
13-5-29 15:00	91.231.40.53	sousiaAmallow	3lQ***3F
13-5-29 14:35	91.231.40.53	cyncinjed	99k***9O

说明

1. 用户前台登录失败后，后台记录用户的登录时间、IP地址、尝试用户名、尝试密码。
2. 时间：指用户前台单击"登录"按钮的时间。
3. IP地址：指用户用于互联网上的计算机IP地址。
4. 尝试用户名：指用户登录前台失败记录的用户名。
5. 尝试密码：指用户登录前台失败记录的密码。

2.6　登录用户查询

登录用户查询的概念

登录用户查询指用户登录后，管理员可以查询到哪些用户登录了系统。

适合范围

登录用户查询适合电商系统，CMS，OA系统，社交系统，博客系统，金融系统（银行、基金、证券），ERP进销存系统，CRM系统，协同管理系统，新闻系统，项目管理系统，Bug跟踪系统等。

目的

企业的目的：能够更好地维护系统平台。例如，当用户量越来越大，一台服务器无法负载大量的用户在线操作时，就可以做服务器集群。

前台和后台的关系说明

（1）前台页面：登录成功。

（2）数据库：记录用户名、用户登录的时间、用户登录的次数等信息。

（3）后台页面：管理员查看数据库用户登录后的信息内容。

下图展示了前台和后台的关系。

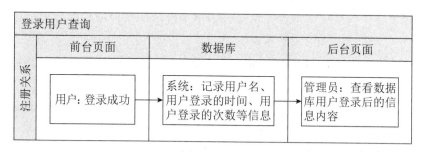

此种登录用户查询关系为用户无法查看到在线用户，只有管理员可以查看到在线用户的关系说明。

实例

后台页面如下图所示。

在线会员 - 2人在线 - 2会员(0隐身)，0位游客 - **最高记录是 2于 2018-4-19.**

　管理员　　　超级版主　　　版主　　　会员

　hello　　　　　　　　admin

说明

1. 用户登录后，管理员可以查询在线会员和隐身会员、游客的数量。

2. 系统记录历史最高在线人员数量和时间。

3. 会员可以分为管理员、超级版主、版主、会员（管理员分组）等。

4. 单击用户的账号名，可以查询用户的详细信息。

5. 有的系统将此功能用于后台管理员的使用，目的是让管理员管理、运营好平台。

有的系统将此功能用于前台展示给所有用户的使用，目的是让用户知道网站在线人数多，便于谈合作。所以很多网站弄虚作假，在线人数在1000的基础上递增真实在线用户，那么这1000人就是造假的部分。

6. 由于账号为昵称，很多社区系统也会把这一块功能在前台页面展示，即所有用户都可看见哪些用户在线。

2.7　第三方账号登录

第三方账号登录的概念

第三方账号登录指用户无须输入账号和密码，直接使用系统程序支持的第三方账号登录，这样用户便可以快捷地登录系统。

用户量最大的一些系统大平台提供接口给小平台，小平台用户拥有大平台账号即可便捷地登录小平台。

目前常见的第三方API（Application Programming Interface，应用程序编程接口）登录接口有微博、Facebook等。

适合范围

第三方账号登录适合电商系统，CMS，OA系统，社交系统，博客系统，金融系统（银行、基金、证券），ERP进销存系统，CRM系统，协同管理系统，新闻系统，项目管理系统，Bug跟踪系统等。

目的

企业的目的：整合资源，满足用户的需求。

用户的目的：更快捷地使用小平台系统，无须注册和输入内容。

前台和后台的关系说明

（1）后台页面：设置第三方账号，常见的字段内容有App Key、App Secret、是否开启、首次登录绑定等API的信息内容。

（2）数据库：记录API的信息内容。

（3）前台页面：可见第三方账号登录。

下图展示了前台和后台的关系。

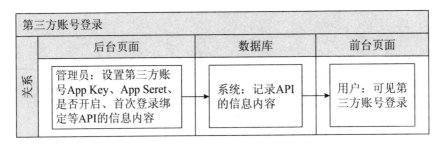

实例

前台页面如下图所示。

说明

1. 可以使用第三方账号登录，可见"用××账号登录"按钮。

2. 由于可以使用第三方账号登录，所以需要接口（API）链接。

3. 基于程序提供的API，第三方开发人员开发的软件或硬件有可以访问一组例程的能力。第三方开发人员无须访问源代码，无须理解内部工作机制的细节，可以保证程序更加安全，企业与企业间的合作更加便捷。

后台页面如下图所示。

登录设置

1. 博登录

App Key   14█████52   申请网站App Key

App Secret 8f███████18076c2cd████████18

博登录   是 ▼   是否开启博登录

首次登录绑定   是 ▼   是否开启首次用博账号登录后绑定(或新建)账号

说明

1. 第三方登录设置，输入App Key和App Secret。

2. 管理员可以选择是或否开启第三方登录。

3. 不同第三方机构提供的API均不一样，但是流程和实现方法基本一致。

4. 设置第三方账户成功后，前台页面用户可以使用第三方账号登录。

2.8 后台系统登录方式（方法一）

后台系统登录的概念

后台系统登录指管理员登录的页面，管理员登录后则显示后台的功能。

此方法为管理员进入管理员的网址页面，输入账号和密码即可登录。

适合范围

后台系统登录适合电商系统，CMS，OA系统，社交系统，博客系统，金融系统（银行、基金、证券），ERP进销存系统，CRM系统，协同管理系统，新闻系统，项目管理系统，Bug跟踪系统等。

目的

企业的目的：区分管理员和普通用户的权限，后台系统用于管理前台系统的各种功能。

前台和后台的关系说明

（1）前台页面：用户进入管理员的登录页面，输入管理员账号和密码。（备注：此页面地址只要用户知道，一般用户和管理员都可进入，但要有管理员账号和密码才可登录。）

（2）数据库：系统检验管理员账号和密码是否正确。

（3）后台页面：账号和密码正确，则管理员进入系统后台管理员页面成功。

下图展示了前台和后台的关系。

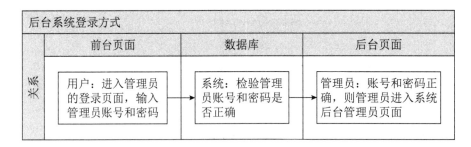

后台系统登录方式			
关系	前台页面	数据库	后台页面
	用户：进入管理员的登录页面，输入管理员账号和密码	系统：检验管理员账号和密码是否正确	管理员：账号和密码正确，则管理员进入系统后台管理员页面

实例

前台页面如下图所示。

www.n□□s.com/home/admin

用户名或电子邮件地址

密码

☐ 记住我的登录信息　　　　登录

说明

1. 在网站地址中输入后台网站地址, 即显示后台管理的登录框。
2. 输入管理员的用户名和密码, 即可以登录后台。

后台页面如下图所示。

说明

若登录后台成功, 则显示整个后台管理页面。

2.9　后台系统登录方式（方法二）

后台系统登录的概念

后台系统登录指管理员登录的页面, 管理员登录后则显示后台的功能。

此方法为管理员进入管理员的网址页面, 需要像普通用户一样登录, 系统判断出是管理员账号，才会显示"管理中心"的功能，用户再输入后台管理密码才可以登录。可见一个管理员会有两个密码：一个是普通账号的登录密码；另一个是管理中心的管理密码。

适合范围

后台系统登录适合电商系统，CMS，OA系统，社交系统，博客系统，金融系统（银行、基金、证券），ERP进销存系统，CRM系统，协同管理系统，新闻系统，项目管理系统，Bug跟踪系统等。

目的

企业的目的：区分管理员和普通用户的权限，后台系统用于管理前台系统的各种功能。

为了使系统更加安全，需要管理员先登录才可以进入管理中心。就像银行账户一样，用户输入正确的银行账号和密码才可以登录，但是如果要把银行的款转到证券公司，用户还需要输入银转证的密码。

前台和后台的关系说明

（1）前台页面：用户输入管理员账号和密码登录。（备注：管理员也需要像普通用户一样登录。）

（2）数据库：系统检验管理员账号和密码是否正确。

（3）后台页面：管理员单击"管理中心"按钮，需要输入后台管理员密码。（备注：此密码正确后，才正式进入管理员后台功能页面。）

下图展示了前台和后台的关系。

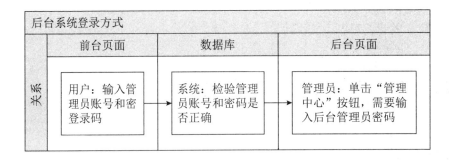

实例

用户登录时的前台页面如下图所示。网站地址为localhost/index.php。

> **说明**

用户输入前台网站地址，即进入一般用户的登录页面。

用户登录后的前台页面如下图所示。

👤 **普通账户** | 设置 | 消息 | ( ) | 退出

👤 **admin** 在线 | 设置 | 消息 | 提醒 | | 管理中心 | 退出

> **说明**

用户输入账户，登录成功，如果是管理员账户，则有"管理中心"的功能。

管理员登录时的前台页面如下图所示。网站地址为localhost/admin.php。

用户名: admin
密　码:
提　问: 无安全提问　▼
回　答:
提交

> **说明**

1.单击"管理中心"按钮后，则跳转至管理员登录页面，需要输入管理员密码登录后台。

2.若用户直接输入后台页面网址，则无法进入后台登录页面。

管理员登录后的后台页面如下图所示。

> **说明**

管理员登录后台成功，如果是超级管理员，则显示整个后台管理页面。

2.10 邀请注册（开启与关闭）

邀请注册的概念

邀请注册指的是用户注册时，需要输入邀请码才能注册，因为邀请码选项为必填项。

适合范围

邀请注册适合电商系统，CMS，OA系统，社交系统，博客系统，金融系统（银行、基金、证券），ERP进销存系统，CRM系统，协同管理系统，新闻系统，项目管理系统，Bug跟踪系统等。

目的

企业的目的：防止注册机器人自动注册，让用户珍惜自己的账户，防止僵尸账户。例如，数据库存在越来越多的用户账户，但很多账户几年都没登录过，这些僵尸账户会造成用户登录、数据库验证变缓慢，处理数据也变慢等。

前台和后台的关系说明

（1）后台页面：管理员设置新用户注册（普通注册和邀请注册）。

（2）数据库：系统保存管理员的设置。

（3）前台页面：用户按照管理员的设置注册。（备注：管理员设置的不同，用户注册时显示的内容也不同。）

下图展示了前台和后台的关系。

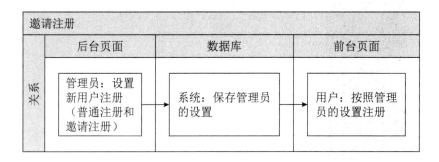

实例

下图展示了开放普通注册时的前台页面和后台页面。

前台页面（普通注册页面）	后台页面（开放普通注册）
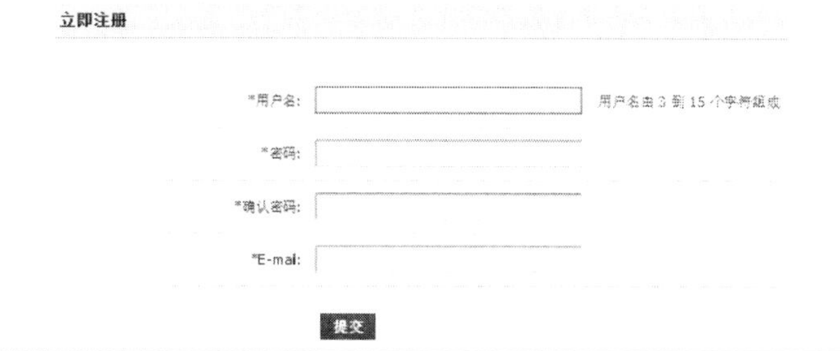 立即注册 *用户名：[_____] 用户名由3到15个字符组成 *密码：[_____] *确认密码：[_____] *E-mail：[_____] [提交]	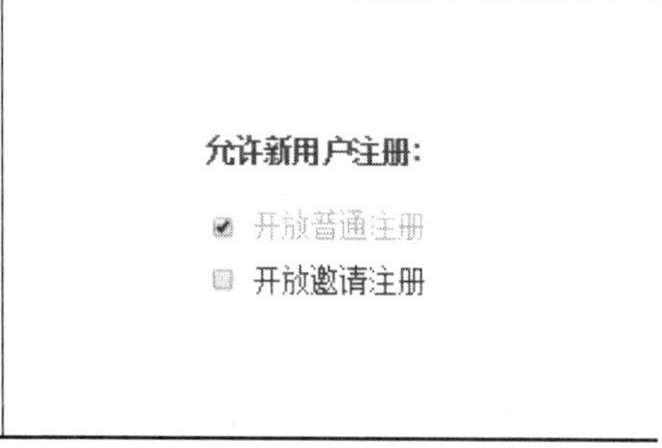 **允许新用户注册：** ☑ 开放普通注册 ☐ 开放邀请注册

说明

普通注册：输入用户名、密码、确认密码、E-mail，所有内容必填。

下图展示了开放邀请注册时的前台页面和后台页面。

前台页面（开放邀请注册的注册页面）	后台页面（开放邀请注册）
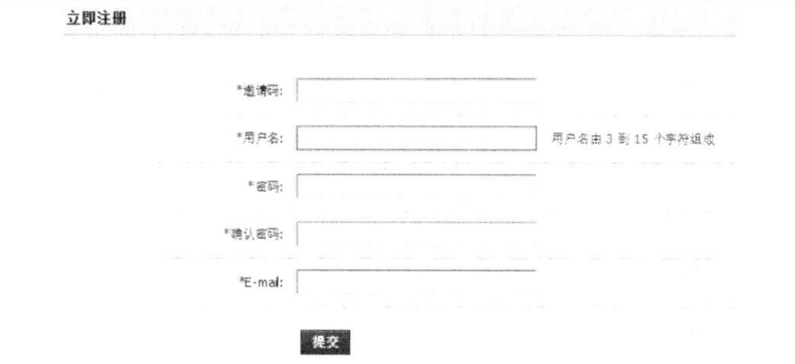 立即注册 *邀请码：[_____] *用户名：[_____] 用户名由3到15个字符组成 *密码：[_____] *确认密码：[_____] *E-mail：[_____] [提交]	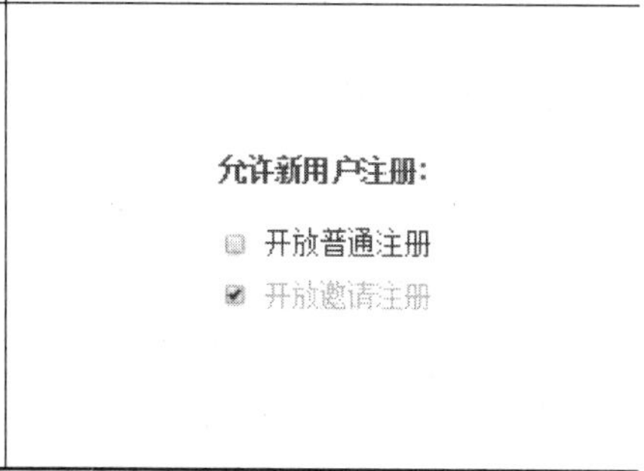 **允许新用户注册：** ☐ 开放普通注册 ☑ 开放邀请注册

说明

邀请注册：输入邀请码、用户名、密码、确认密码、E-mail，所有内容必填。

下图展示了开启普通注册和邀请注册的前台页面和后台页面。

前台页面（开启普通注册和邀请注册的注册页面）	后台页面（开启普通注册和邀请注册的注册页面）
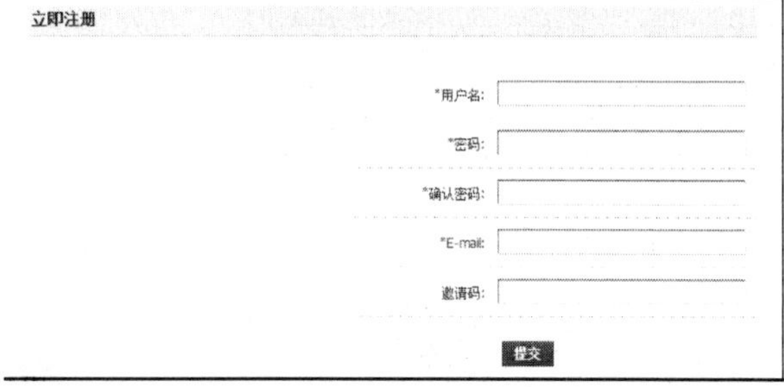 立即注册 *用户名：[_____] *密码：[_____] *确认密码：[_____] *E-mail：[_____] 邀请码：[_____] [提交]	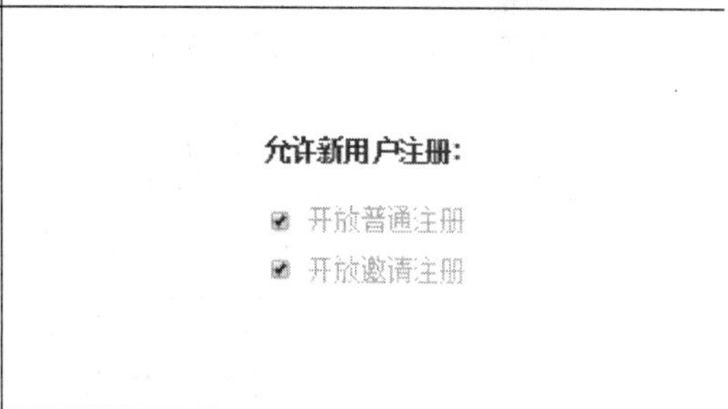 **允许新用户注册：** ☑ 开放普通注册 ☑ 开放邀请注册

说明

开放普通注册和开放邀请注册两个都勾选，可见邀请码为选填，用户名、密码、确认密码、E-mail为必填。

2.11　邀请注册（使用方法）

如何使用邀请注册

　　会员获取验证码，把邀请码或邀请链接发送给新用户，新用户注册时填写此邀请码即可注册。

　　注册成功则代表使用邀请注册成功。

适合范围

　　邀请注册适合电商系统，CMS，OA系统，社交系统，博客系统，金融系统（银行、基金、证券），ERP进销存系统，CRM客户关系管理系统，协同管理系统，新闻系统，项目管理系统，Bug跟踪系统等。

目的

　　企业的目的：可以商业化拓展。例如，会员可充值一定金额购买邀请码，购买的邀请码可以送给朋友注册为会员。

　　可以防止非专业用户查阅网站内容。例如，专业的网站都希望专业人士查阅和交流，非专业人员一般很难找到专业人员获得邀请码注册。

前台和后台的关系说明

　　（1）前台页面：会员获取邀请码，并赠送给非会员。

　　（2）前台页面：非会员使用邀请码即可注册。

　　（3）后台页面：管理员查看邀请码和邀请码使用情况。

　　下图展示了前台和后台的关系。

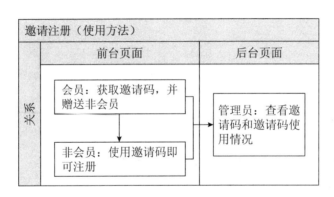

实例

有些网站需要会员邀请注册，才允许注册。

获取邀请码的前台页面如下图所示。

邀请链接	邀请码
http://localhost:81/home.php?mod=invite&id=2&c=aq91vk [复制]	aq91vk [复制]
http://localhost:81/home.php?mod=invite&id=1&c=pnzeeo [复制]	pnzeeo [复制]

[1] [获取邀请码]

说明

1. 会员输入获取邀请码的数量，单击"获取邀请码"按钮，即可获取邀请码。
2. 把邀请码或邀请链接发送给新用户注册，即可注册。

邀请注册的前台页面如下图所示。

说明

新注册用户输入朋友提供的邀请码，即可注册。

查询注册和邀请情况后台页面如下图所示。

邀请链接	邀请码	注册人	邀请人
http://localhost:81/home.php?mod=invite&id=4&c=bkie01 [复制]	bkie01 [复制]	----	世界
http://localhost:81/home.php?mod=invite&id=3&c=u70116 [复制]	u70116 [复制]	----	hello
http://localhost:81/home.php?mod=invite&id=1&c=pnzeeo [复制]	pnzeeo [复制]	----	admin
http://localhost:81/home.php?mod=invite&id=2&c=aq91vk [复制]	aq91vk [复制]	cloudylin	admin

说明

1. 管理员在后台可查询所有会员用户的邀请链接、邀请码、注册人、邀请人的信息。

2. 上图可见邀请码为aq91vk，获取邀请码的会员是admin，已送给用户cloudylin注册成功。

3. 上图可见邀请码为pnzeeo，获取邀请码的会员是admin，"----"为暂未有用户使用注册。

邀请注册的其他运营方法如下。

（1）非会员需充值，才能获取邀请码成为会员（营利的方法）。

（2）邀请注册，会员需充值，才能得到邀请码，给非会员才能注册（营利的方法）。

2.12   注册网址变更

注册网址变更的概念

注册网址变更指用户进入注册的网址从A变为B。变更后，用户输入注册网址A则无法进入注册页面，需要输入注册网址B才可以进入注册页面。

适合范围

注册网址变更适合电商系统，CMS，OA系统，社交系统，博客系统，金融系统（银行、基金、证券），ERP进销存系统，CRM系统，协同管理系统，新闻系统，项目管理系统，Bug跟踪系统等。

目的

企业的目的：防止一些灌水注册软件注册，即防止自动注册的机器人软件注册。发现某个时间段每天都有注册机注册账号，那么可以变更注册网址，减少注册机器人注册会员账号。

前台和后台的关系说明

（1）后台页面：管理员设置注册网址的MOD值。例如，设置register为MOD值。

（2）数据库：系统保存管理员的MOD值。

（3）前台页面：用户按照管理员的设置，输入含有MOD值的注册网址。例如，用户进入注册网址为http://localhost:81/member.php?mod=register。

下图展示了前台和后台的关系。

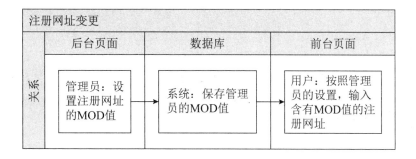

实例

注册网址的前台页面如下图所示。

localhost:81/member.php?mod=register

说明

1. 用户在浏览器输入网站地址，如localhost:81/member.php?mod=register。

2. MOD的值register可以通过后台修改。

3. 在本地计算机创建的服务器，通常可输入http://localhost: 80，由于80端口是HTTP默认端口，用户可以省略，输入http://localhost即可。其他网站地址端口不可以省略。

注册网址的后台页面如下图所示。

注册地址：

register

说明

站点注册地址MOD值默认为register，经常修改名称可以防止一些灌水注册软件注册。

2.13　基础设置（方法一）

基础设置的概念

本节的基础设置指的是网站的名称、标题、简称、时区设置等基础信息内容。

这些信息的设置可以帮助搜索引擎收录网站，以便在搜索引擎中搜索到这些信息，便于网站增加浏览量。

适合范围

基础设置（方法一）适合电商系统，CMS，OA系统，社交系统，博客系统，金融系统（银行、基金、证券），ERP进销存系统，CRM系统，协同管理系统，新闻系统，项目管理系统，Bug跟踪系统等。

目的

企业的目的：网站能让搜索引擎收录，提高网站的知名度，让用户阅读时一看就知道网站名称和标题。

前台和后台的关系说明

（1）后台页面：管理员设置网站名称、网站标题、网站简称、时区设置的信息内容。

（2）数据库：系统保存管理员的设置内容。

（3）前台页面：用户查看到网站名称、网站标题、网站简称、时区设置的信息内容。例如，在浏览器的标签栏和鼠标经过浏览器的标签栏的位置可见。

下图展示了前台和后台的关系。

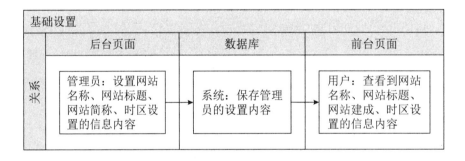

实例

网站基础设置的前台页面如下图所示。

说明

鼠标经过浏览器的网站标题时，可见标题为"网站名称""网站标题""页面副标题"。

网站基础设置的后台页面如下图所示。

基本信息

网站名称	Rye▨▨▨网
网站标题	深圳 R▨▨s.com｜R▨▨e.com
网站简称	R▨▨e
时区设置	GMT+08:00 ▼ 中国大陆北京时间时区为：+08:00

说明

1. 网站名称：控制网站显示的名称。

2. 网站标题：控制网站显示的标题。

3. 控制前台页面的代码位置为

`<title>R▨▨▨网 - 深圳 R▨▨▨.com ｜F▨▨e.com|深圳市购物|深圳市团购|深圳市打折</title>` 。

2.14 基础设置（方法二）

基础设置的概念

本节的基础设置指的是站点名称、网站名称、网站URL、管理员邮箱、QQ在线客服号码、网站备案信息代码等基础信息内容。

这些信息的设置可以帮助企业工作人员快速管理网站。

适合范围

基础设置（方法二）适合电商系统，CMS，OA系统，社交系统，博客系统，金融系统（银行、基金、证券），ERP进销存系统，CRM系统，协同管理系统，新闻系统，项目管理系统，Bug跟踪系统等。

目的

企业的目的：使网站能够让搜索引擎收录，方便网站管理和变更常用信息内容。

前台和后台的关系说明

（1）后台页面：管理员设置站点名称、网站名称、网站URL、管理员邮箱、在线客服号码、网站备案信息代码的信息内容。

（2）数据库：系统保存管理员的设置内容。

（3）前台页面：用户查看到站点名称、网站名称、网站URL、管理员邮箱、在线客服号码、网站备案信息代码的信息内容。

下图展示了前台和后台的关系。

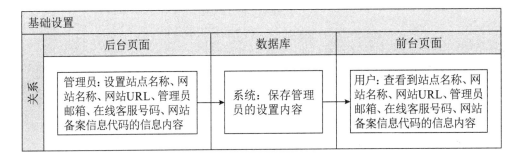

基础设置			
	后台页面	数据库	前台页面
关系	管理员：设置站点名称、网站名称、网站URL、管理员邮箱、在线客服号码、网站备案信息代码的信息内容	系统：保存管理员的设置内容	用户：查看到站点名称、网站名称、网站URL、管理员邮箱、在线客服号码、网站备案信息代码的信息内容

实例

网站基础设置的前台页面如下图所示。

说明

1. 鼠标经过网站Logo，显示站点名称，即"hello1"。

2. 通常网站Logo位于网站的左上角。

网站基础设置的前台页面的下半部分如下图所示。

在线咨询 ┊ 站长统计 ┊ 留言 ┊ Adviser ┊ 手机版 ┊ **hello2**（粤123456）

GMT+8, 2018-3-30 15:31 , Processed in 0.116863 second(s), 11 queries .

说明

1. 后台"网站名称"设置为hello2，前台显示网站名称"hello2"的位置。
2. 后台"QQ在线客服号码"设置为"189394"，前台显示"在线咨询"的位置。
3. 后台"网站备案信息代码"设置为粤123456，前台显示"粤123456"的位置。

网站基础设置的后台页面如下图所示。

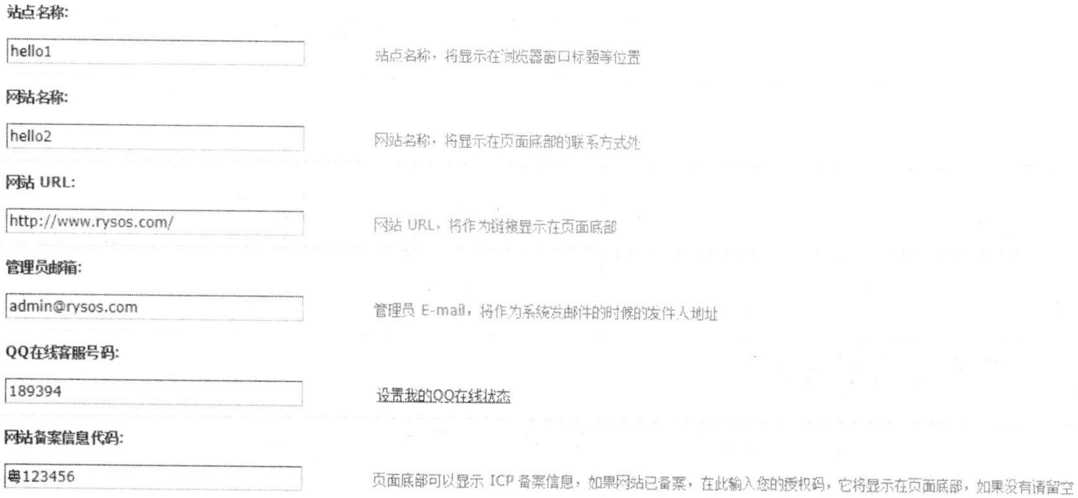

站点名称：

| hello1 |

站点名称，将显示在浏览器窗口标题等位置

网站名称：

| hello2 |

网站名称，将显示在页面底部的联系方式处

网站 URL：

| http://www.rysos.com/ |

网站 URL，将作为链接显示在页面底部

管理员邮箱：

| admin@rysos.com |

管理员 E-mail，将作为系统发邮件的时候的发件人地址

QQ在线客服号码：

| 189394 |

设置我的QQ在线状态

网站备案信息代码：

| 粤123456 |

页面底部可以显示 ICP 备案信息，如果网站已备案，在此输入您的授权码，它将显示在页面底部，如果没有请留空

说明

1. 站点名称：显示在浏览器窗口标题的位置。
2. 网站名称：显示在页面底部的联系方式。
3. 网站URL：单击"网站名称"，链接至网站URL。
4. 管理员邮箱：作为系统发邮件时，显示发件人邮箱地址。
5. QQ在线客服号码：设置客服的在线号码。
6. 网站备案信息代码：通过ICP备案，可以获取ICP备案号，如粤123456。

2.15　友情链接（方法一）

友情链接的概念

友情链接指的是你的网站显示其他站长的网站Logo（文字）和外部网站网址。你的网站与其他网站交换链接，是一种SEO推广的手段。交换友情链接后，别人网站的用户可能就成为你的网站的用户，你的网站的用户同时也可能成为别人网站的用户，这是一种互惠互利的方法。

适合范围

友情链接（方法一）适合电商系统，CMS，OA系统，社交系统，博客系统，金融系统（银行、基金、证券），ERP进销存系统，CRM系统，协同管理系统，新闻系统，项目管理系统，Bug跟踪系统等。

目的

企业的目的：提升网站的用户量，提升网站的排名，吸引搜索引擎收录，节省成本。

例如，消费50万元广告推广可以获得10万名用户，但是与几十个网站友情链接后，也可以获得10万名用户，这样就节省了50万元的广告费用。

前台和后台的关系说明

（1）后台页面：管理员设置友情链接的内容（本方法包括显示顺序、站点名称、站点URL、文字说明、Logo地址、分组的内容）。

（2）数据库：系统保存管理员的设置内容。

（3）前台页面：用户查看到友情链接的Logo或文字，单击后显示外部网站。

下图展示了前台和后台的关系。

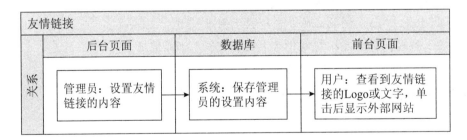

实例

网站友情链接的前台页面如下图所示。

Rysos淘宝网　　　Rysos微博

说明

1. 第一行显示Logo和跳转的站点URL链接网址，单击Logo则跳转到网址。

2. 第二行显示站点名称和跳转的站点URL链接网址，单击站点名称则跳转到网址。

网站友情链接的后台页面如下图所示。

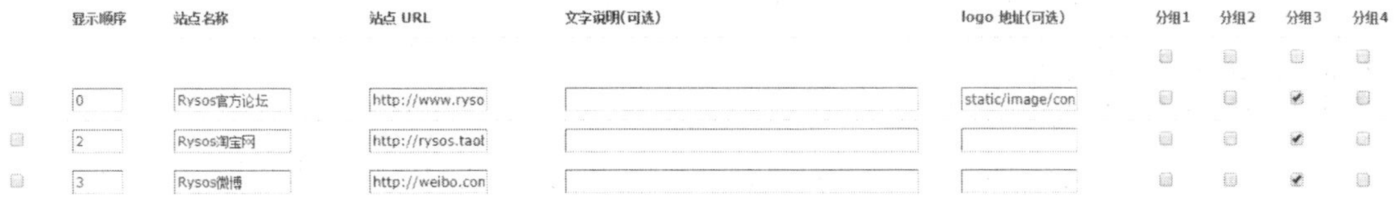

显示顺序	站点名称	站点 URL	文字说明(可选)	logo 地址(可选)	分组1	分组2	分组3	分组4
					☐	☐	☐	☐
☐ 0	Rysos官方论坛	http://www.ryso		static/image/con	☐	☐	☑	☐
☐ 2	Rysos淘宝网	http://rysos.taol			☐	☐	☑	☐
☐ 3	Rysos微博	http://weibo.con			☐	☐	☑	☐

说明

1. 显示顺序：指0～99 999的数值输入范围。数值越小，则前台页面显示的友情链接越靠前。当出现相同数值时，则以设置时间优先。

2. 站点名称：如果没有"Logo地址"，则直接显示"站点名称"，如果有"Logo地址"则直接显示Logo。

3. 站点URL：指单击"站点名称"或"Logo地址"后，跳转到的网站地址。

4. 文字说明（可选）：指鼠标经过Logo或站点名称时，显示的文字说明。

5. Logo地址：指图片的地址。

6. 分组：例如网站有首页（分组1）、汽车版块（分组2）、新闻版块（分组3）、科技版块（分组4），如果勾选分组3，则新闻版块（分组3）显示友情链接。

2.16　友情链接（方法二）

友情链接的概念

友情链接的概念见2.15节。

适合范围

友情链接（方法二）适合电商系统，CMS，OA系统，社交系统，博客系统，金融系统（银行、基金、证券），ERP进销存系统，CRM系统，协同管理系统，新闻系统，项目管理系统，Bug跟踪系统等。

目的

企业的目的：提升网站的用户量，提升网站的排名，吸引搜索引擎收录，节省成本，便于管理友情链接内容。

例如，针对是否在首页上展示的字段内容，管理员无须删除，只需要不展示即可屏蔽友情链接，待后续需要展示时，把N改为Y即可快速显示。

前台和后台的关系说明

（1）后台页面：管理员设置友情链接的内容（本方法包括ID、网站名称、网站地址、Logo、排序、首页展示、操作的内容）。

（2）数据库：系统保存管理员的设置内容。

（3）前台页面：用户查看到友情链接的Logo或文字，单击后显示外部网站。

下图展示了前台和后台的关系。

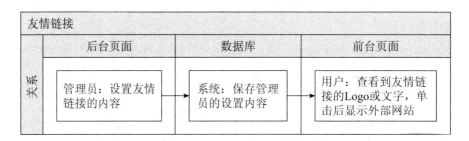

实例

友情链接的前台页面如下图所示。

说明

显示友情链接的Logo，单击Logo可进入网站网址。

友情链接的后台页面如下图所示。

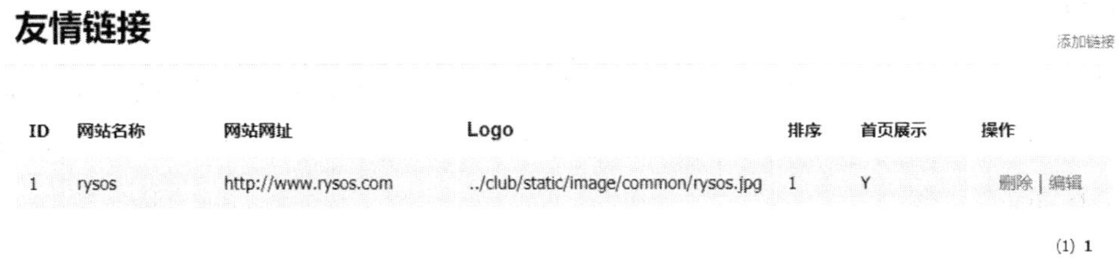

友情链接

添加链接

ID	网站名称	网站网址	Logo	排序	首页展示	操作
1	rysos	http://www.rysos.com	../club/static/image/common/rysos.jpg	1	Y	删除 | 编辑

(1) 1

"添加链接"的后台页面如下图所示。

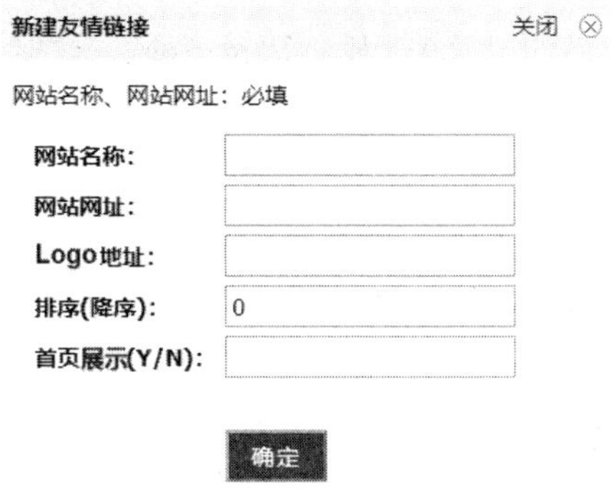

新建友情链接　　　　　　　　关闭 ⊗

网站名称、网站网址：必填

网站名称：

网站网址：

Logo地址：

排序(降序)：　0

首页展示(Y/N)：

确定

说明

1. ID：指系统自动生成的递增序号。

2. 网站名称：指网站的名称，通常鼠标经过Logo时显示网站名称。

3. 网站网址：指网站的地址，通常鼠标单击Logo即跳转至网站网址。

4. Logo：指图片的地址，常见Logo扩展名为jpg、png、gif。

5. 排序：指0～99 999的数值输入范围。数值越小，则前台页面显示的友情链接越靠前。当出现相同数值时，则以设置时间优先。

6. 首页展示：指开启和关闭，显示此友情链接。显示为Y，关闭为N。

7. 操作：对友情链接的操作功能，有删除、编辑。

2.17　友情链接（方法三）

友情链接的概念

友情链接的概念见2.15节。

适合范围

友情链接（方法三）适合电商系统，CMS，OA系统，社交系统，博客系统，金融系统（银行、基金、证券），ERP进销存系统，CRM系统，协同管理系统，新闻系统，项目管理系统，Bug跟踪系统等。

目的

企业的目的：提升网站的用户量，提升网站的排名，吸引搜索引擎收录，节省成本，便于管理友情链接内容。例如，后台直接显示链接Logo，管理员一看就知道需要修改哪个友情链接的内容。

前台和后台的关系说明

（1）后台页面：管理员设置友情链接的内容（本方法包括链接名称、链接地址、链接Logo、显示顺序、操作的内容）。

（2）数据库：系统保存管理员的设置内容。

（3）前台页面：用户查看到友情链接的Logo或文字，单击后显示外部网站。

下图展示了前台和后台的关系。

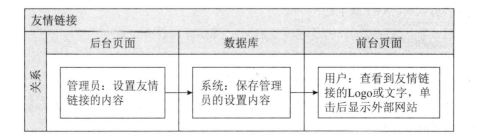

实例

显示友情链接的前台页面如下图所示。

说明

1. 前台页面显示友情链接的Logo，单击Logo即进入网站网址。

2. 后台管理员没有上传Logo图片的友情链接，前台页面则显示链接名称。

查询已发布的友情链接的后台页面如下图所示。

(说明)

1. 链接名称：显示链接名称。添加文字友情链接后，鼠标经过链接Logo时显示链接名称。若管理员不上传Logo图片，则前台页面的友情链接显示链接名称。

2. 链接地址：用户单击文字链接或图片链接后，进入的网站链接地址。

3. 链接Logo：显示链接的Logo，常见的大小为88像素×31像素。

4. 显示顺序：数值越小，前台页面排序显示越靠前；当出现相同数值时，则以时间优先原则排序。

5. 操作：编辑功能和删除功能。

新增和编辑的后台页面如下图所示。

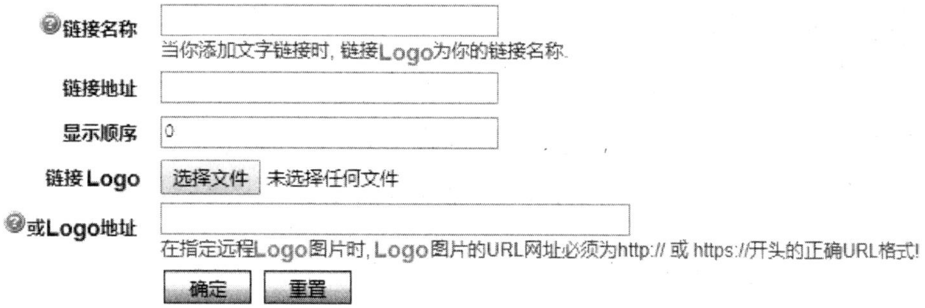

(区别)

1. 新增：没有旧内容显示，需输入完整的新内容。

2. 编辑：显示旧内容，可对原有内容进行编辑修改。

3. 链接名称：指网站的名称，鼠标经过Logo时显示网站名称。

4. 链接地址：指网站的地址，鼠标单击Logo即跳转至网站的链接网址。

5. 显示顺序：指1～99 999的数值输入范围。数值越小，则前台页面显示的友情链接顺序越靠前。当出现相同数值时，则以时间优先原则排序。

6. 链接Logo或Logo地址：单击"选择文件"按钮后，上传Logo，Logo地址位置即自动显示其Logo地址。也可以不上传Logo文件，直接输入Logo图片的详细网址。

2.18 日期格式设置

日期格式的概念

日期格式指的是年、月、日组成的日期，通过格式排序显示完整的日期。

目前常见的格式有2018年4月8日、2018-04-08、04/08/2018、08/04/2018等。

适合范围

日期格式设置适合电商系统，CMS，OA系统，社交系统，博客系统，金融系统（银行、基金、证券），ERP进销存系统，CRM系统，协同管理系统，新闻系统，项目管理系统，Bug跟踪系统等。

目的

企业的目的：让用户便于查看日期。不同的用户习惯于不同的日期格式，选择用户量较多的日期格式会使网站用户体验更好。

前台和后台的关系说明

（1）后台页面：管理员选择日期格式。

（2）数据库：系统保存设置的内容。

（3）前台页面：用户查看到日期格式（管理员设置的日期格式是A格式，用户看到的日期格式就是A格式）。

下图展示了前台和后台的关系。

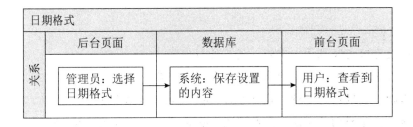

实例

日期格式的前台页面如下图所示。

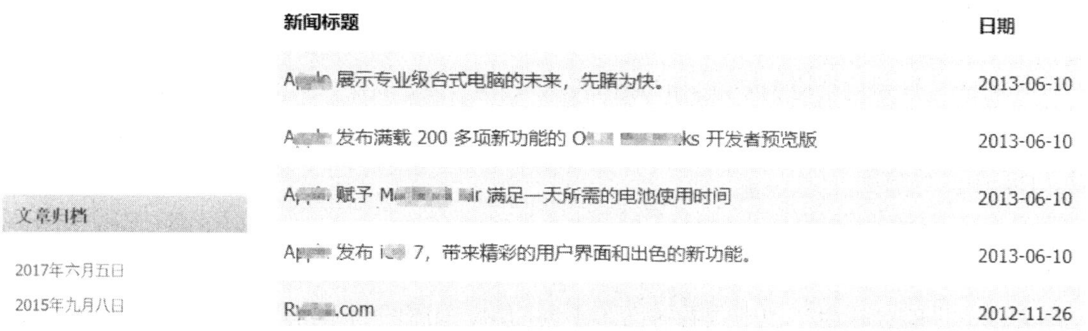

新闻标题	日期
A▊▊ 展示专业级台式电脑的未来，先睹为快。	2013-06-10
A▊▊ 发布满载 200 多项新功能的 O▊▊ ▊▊▊ks 开发者预览版	2013-06-10
A▊▊ 赋予 M▊▊▊▊ ir 满足一天所需的电池使用时间	2013-06-10
A▊▊ 发布 i▊ 7，带来精彩的用户界面和出色的新功能。	2013-06-10
R▊▊▊.com	2012-11-26

文章归档

2017年六月五日

2015年九月八日

🔵 **说明**

1. 上图显示文章归档的日期格式的显示方式，如Y年n月j日。

2. 上图显示新闻标题的日期格式的显示方式，如Y-m-d。

日期格式的后台页面如下图所示。

日期格式	⦿ 2018年4月8日	Y年n月j日
	◯ 2018-04-08	Y-m-d
	◯ 04/08/2018	m/d/Y
	◯ 08/04/2018	d/m/Y
	◯ 自定义：	Y年n月　2018年4月8日

🔵 **说明**

上图设置日期格式的显示方式（单选）。设置后，前台页面"文章归档"和"新闻标题"位置的日期格式将根据后台设置而变更。

2.19　时间格式设置

时间格式的概念

时间格式指的是时、分、秒组成的时间，通过格式排序显示完整的日期。

目前常见的格式有下午2:23、2:23下午、14:23等。

适合范围

时间格式设置适合电商系统，CMS，OA系统，社交系统，博客系统，金融系统（银行、基金、证券），ERP进销存系统，CRM系统，协同管理系统，新闻系统，项目管理系统，Bug跟踪系统等。

目的

企业的目的：让用户便于查看时间。不同的用户习惯于不同的时间格式，选择用户量较多的时间格式会使网站用户体验更好。

前台和后台的关系说明

（1）后台页面：管理员选择时间格式。

（2）数据库：系统保存设置的内容。

（3）前台页面：用户查看到时间格式（管理员设置的时间格式是A格式，用户看到的时间格式就是A格式）。

下图展示了前台和后台的关系。

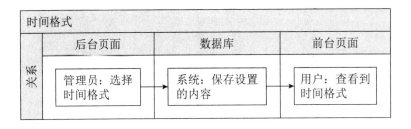

实例

时间格式的前台页面如下图所示。

新闻　2018-04-08 09:00:27

说明

上图是发布新闻后，前台页面显示的时间格式。

时间格式的后台页面如下图所示。

说明

　　上图设置时间格式的显示方式（单选），设置后，前台页面新闻内容页位置的时间格式将根据后台设置而变更。

2.20　备案号设置

备案号的概念

　　备案号是网站是否合法注册经营的标志，可随时到国家工业和信息化部网站备案系统（beian.miitbeian.gov.cn）上查询该网站ICP备案的相关详细信息。

　　备案查询包括备案信息查询、黑名单网站查询。

　　基础代码查询包括单位性质、前置审批或专项内容、网站接入方式、省市县代码、服务器放置地、IP报备单位名称、单位所属分类、行业分类、网站服务内容、证件类型、域名类型、行政级别、证种查询，如下图所示。

适合范围

备案号设置适合电商系统，CMS，OA系统，社交系统，博客系统，金融系统（银行、基金、证券），ERP进销存系统，CRM系统，协同管理系统，新闻系统，项目管理系统，Bug跟踪系统等。

目的

企业的目的：便于管理，快速输入备案号，可用于向公众展示备案号，接受公众查询。

个人的目的：可以找到符合规范的平台，安全购物，保证信息安全。例如，用户在某个网站看到一个商品很想买，但又没有朋友在此平台购买过商品，那么用户可以根据备案号查询此网站平台的信息，判断平台是否相对安全。

前台和后台的关系说明

（1）后台页面：管理员输入ICP备案号。

（2）数据库：系统保存设置的备案号内容。

（3）前台页面：用户查看备案号。

下图展示了前台和后台的关系。

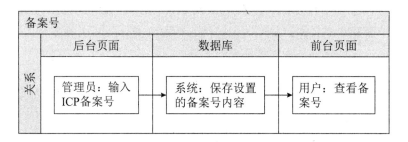

实例

备案号通常显示在网站首页右下方。

备案号设置的后台页面如下图所示。

ICP备案号　　　　　　　　　　粤123456

说明

ICP备案号输入内容为"粤123456"，则前台页面显示的ICP备案号同步为"粤123456"。

2.21 新闻发布

新闻发布的概念

新闻发布指的是管理员在网站平台上，发布新闻标题、新闻内容等的信息内容。管理员发布成功后，用户可以查看新闻的主题、内容、发布时间等内容。

适合范围

新闻发布适合电商系统，CMS，OA系统，社交系统，博客系统，金融系统（银行、基金、证券），ERP进销存系统，CRM系统，协同管理系统，新闻系统，项目管理系统，Bug跟踪系统等。

目的

企业的目的：发布行业的最新新闻，吸引更多用户查阅，留住用户，使用户在平台更加活跃。教用户正确使用平台的功能，一个新闻文章就可以使所有用户懂得操作，不需要一个一个用户教，节省大量人力和物力。

个人的目的：可以查看新的新闻内容，帮助学习。

前台和后台的关系说明

（1）后台页面：管理员输入新闻的相关内容。

（2）数据库：系统保存管理员设置的新闻内容。

（3）前台页面：用户查看管理员发布的新闻内容。

（4）后台页面：管理员可以进行对新闻内容的编辑、删除功能的操作。

下图展示了前台和后台的关系。

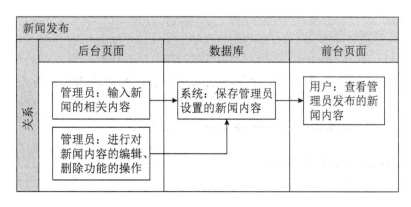

实例

新闻发布的列表页的前台页面如下图所示。

新闻标题	日期
A▓▓ 展示专业级台式电脑的未来，先睹为快。	2013-06-10
A▓▓ 发布满载 200 多项新功能的 O▓▓ ▓▓▓▓ks 开发者预览版	2013-06-10
A▓▓ 赋予 M▓▓▓ ▓ir 满足一天所需的电池使用时间	2013-06-10
A▓▓ 发布 i▓ 7，带来精彩的用户界面和出色的新功能。	2013-06-10
R▓▓.com	2012-11-26

说明

1. 列表页：显示"新闻标题"和"日期"的内容。

2. 新闻标题和日期的数据来源于管理员后台页面的发布。

新闻发布的内容页的前台页面如下图所示。

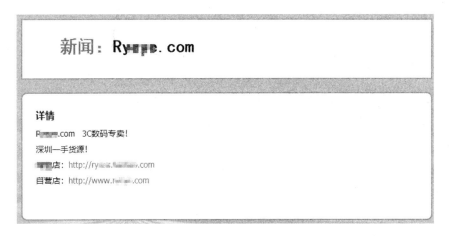

说明

1. 进入内容页方法：在"列表页"单击某一条新闻标题的内容，则进入该标题的内容页。

2. 内容页：显示新闻标题和详细的新闻内容、日期。

新闻发布的后台页面如下图所示。

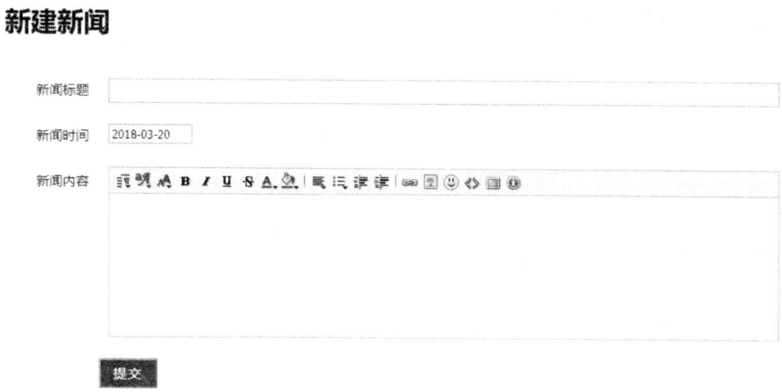
新建新闻
新闻标题
新闻时间
2018-03-20
新闻内容
提交

说明

1. 新闻标题：管理员需输入新闻的标题。

2. 新闻时间：系统自动显示当天的时间，管理员也可自行修改时间。

3. 新闻内容：在此输入新闻的内容，管理员可上传图片、视频、链接地址、文字输入。常见的开源编辑器有UEditor、KindEditor、Simditor、CKEditor、XhEditor、Summernote（本案例使用XhEditor编辑器）。

UEditor编辑器界面如下图所示。

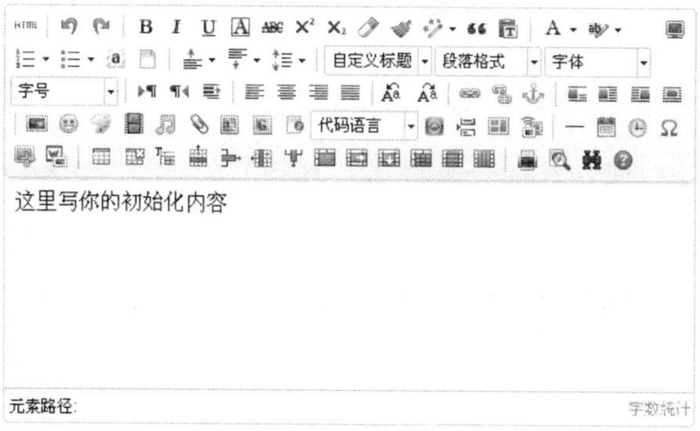
自定义标题
段落格式
字体
字号
代码语言
这里写你的初始化内容
元素路径:
字数统计

KindEditor编辑器界面如下图所示。

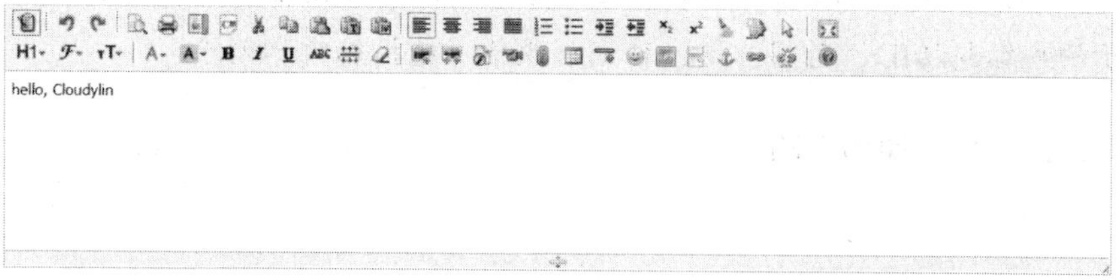
hello, Cloudylin

Simditor编辑器界面如下图所示。

CKEditor编辑器界面如下图所示。

Summernote编辑器界面如下图所示。

查询所有发布的新闻页面的后台页面如下图所示。

全部新闻

ID	新闻标题	日期	操作
5	A▓▓ 展示专业级台式电脑的未来，先睹为快。	2013-06-10	编辑 | 删除
4	A▓▓ 发布满载 200 多项新功能的 C▓▓▓▓▓S 开发者预览版	2013-06-10	编辑 | 删除
3	A▓▓ 赋予 M▓▓▓ 满足一天所需的电池使用时间	2013-06-10	编辑 | 删除
2	A▓▓ 发布 ▓▓，带来精彩的用户界面和出色的新功能。	2013-06-10	编辑 | 删除
1	R▓▓.com	2012-11-26	编辑 | 删除

(说明)

1. 管理员单击"提交"按钮发布后，在"全部新闻"页面里即可看到已发布的新闻。

2. 显示的内容包括ID、新闻标题、日期、操作（包括编辑、删除）。

编辑新闻的后台页面如下图所示。

编辑新闻

（说明）

1. 单击"编辑"按钮后，管理员即可编辑新闻页面。
2. 在编辑新闻页面里，管理员可以修改已发布内容的数据信息。

2.22　评论留言和审核

评论留言和审核的概念

评论留言指的是用户对文章内容发表自己的见解。如输入用户名、邮箱、网站地址、评论内容即可对文章内容评论留言。

审核指的是用户提交的评论留言，不即时显示给所有用户查看，只有管理员对该评论留言审核通过后，用户才可以查看。

适合范围

评论留言和审核适合电商系统，CMS，OA系统，社交系统，博客系统，金融系统（银行、基金、证券），ERP进销存系统，CRM系统，协同管理系统，新闻系统，项目管理系统，Bug跟踪系统等。

目的

企业的目的：管理好平台，使平台的评论对用户有参考价值。例如，一个用户发布了一个系统安装的新闻内容，用户按着新闻内容可以一步一步地安装成功，然后评论"根据文章的内容，可以安装成功"，那么其他用户看到这样的评论，通常也会按照新闻内容安装。

个人的目的：参与新闻内容的评论，让其他用户可以参考；与平台的其他会员互动和交流。

前台和后台的关系说明

1. 发布评论（无须审核）

（1）前台页面：用户输入评论的内容（例如，用户名、邮箱、网站地址、详细内容）。

（2）数据库：系统保存评论的内容。

（3）后台页面：管理员可查看用户评论的内容。

（4）前台页面：用户可查看其他用户和自己评论的内容。

由此可见，用户发布评论后，即可马上查看到内容，无须审核。

下图展示了发布评论（无须审核）的前台和后台的关系。

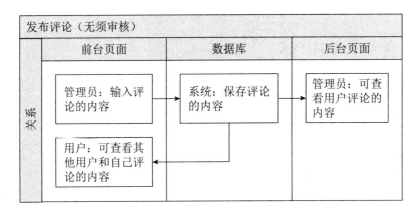

2. 发布评论（需要审核）

（1）前台页面：用户输入评论的内容。

（2）数据库：系统保存评论的内容。

（3）后台页面：管理员可审核评论内容，也可查看用户评论的内容。

（4）数据库：系统显示0为用户不可见，显示1为用户可见。例如，当管理员审核通过即数据库记录1，审核不通过即数据库记录为0。

（5）前台页面：用户可查看用户和自己的评论内容。

由此可见，用户发布评论后，需要管理员审核，审核通过后，用户才可看见评论内容。

下图展示了发布评论（需要审核）的前台和后台的关系。

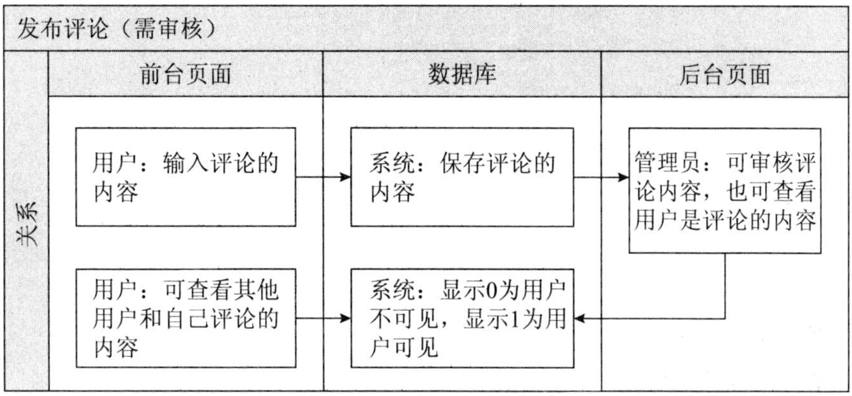

发布评论（需审核）		
前台页面	数据库	后台页面
用户：输入评论的内容	系统：保存评论的内容	管理员：可审核评论内容，也可查看用户是评论的内容
用户：可查看其他用户和自己评论的内容	系统：显示0为用户不可见，显示1为用户可见	

（最左侧纵向标注：关系）

实例

评论留言的前台页面如下图所示。

发表评论

cloudylin

189394@□□.com

http://www.ry□□e.com

cloudylin到此一游！留个评论。

提交

说明

用户发表评论后，该评论内容不会实时显示，需要管理员后台审核后才可以显示。

管理员后台审核的页面如下图所示。

批准 | 回复 | 快速编辑 | 编辑 | 垃圾评论 | 移至回收站

说明

1. 用户评论后，管理员可以对该条评论进行操作，包括批准、回复、快速编辑、编辑、垃圾评论、移至回收站等。

2. 单击"批准"按钮后，该条评论可在前台页面显示。

审核通过的评论的前台页面如下图所示。

说明

管理员审核通过后，在前台文章页面里可看见该评论。

2.23　发布内容显示的网站地址设置

发布内容显示的网站地址的概念

发布内容显示的网站地址指的是管理员发布内容后，用户打开该内容网站的地址，管理员可以控制这个网站地址。常用的网站地址类型包括朴素、日期和名称型、月份和名称型、数字型、文章名、自定义结构。

适合范围

发布内容显示的网站地址设置适合电商系统，CMS，OA系统，社交系统，博客系统，金融系统（银行、基金、证券），ERP进销存系统，CRM系统，协同管理系统，新闻系统，项目管理系统，Bug跟踪系统等。

目的

企业的目的：使搜索引擎进行爬虫收录，增加用户量。用户可以使用较简短明了的网站地址。

个人的目的：网站的某篇文章比较优秀，个人会收藏。日后有时间，会拿出来再学习。例如，看到某个系统后台的教程，用户先收藏，日后工作时需要用到此后台，会打开此教程，帮助用户思考和规划后台功能。

前台和后台的关系说明

（1）后台页面：管理员选择扩展名的显示结构（包括朴素、日期和名称型、月份和名称型、数字型、文章名、自定义结构）。

（2）数据库：系统保存设置的内容。

（3）前台页面：用户查看到管理员设置的网站地址。

下图展示了前台和后台的关系。

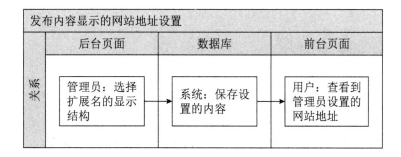

实例

前台页面的地址如下图所示。

☆ www.rysos.com/home/?p=1

说明

网站地址后面的扩展名显示的方式为/?p=1（后台定义的朴素方式）。

后台页面如下图所示。

⦿ 朴素	http://www.rysos.com/home/?p=123
○ 日期和名称型	http://www.rysos.com/home/2018/04/08/sample-post/
○ 月份和名称型	http://www.rysos.com/home/2018/04/sample-post/
○ 数字型	http://www.rysos.com/home/archives/123
○ 文章名	http://www.rysos.com/home/sample-post/
○ 自定义结构	http://www.rysos.com/home

说明

1. 后台页面可以设置文章内容发布后，显示的网站地址扩展名方式（单选）。

2. 目前常见的方式有朴素、日期和名称型、月份和名称型、数字型、文章名、自定义结构。

2.24 已删除文章管理

已删除文章管理的概念

已删除文章通常指的是用户删除自己发布的文章，用户自己不可见，其他用户也不可见，但是管理员在后台可以看到文章已被删除。

已删除文章管理指的是用户删了自己发布的文章后，管理员对已删除文章的删除主题和恢复主题的操作。

适合范围

已删除文章管理适合电商系统，CMS，OA系统，社交系统，博客系统，金融系统（银行、基金、证券），ERP进销存系统，CRM系统，协同管理系统，新闻系统，项目管理系统，Bug跟踪系统等。

目的

企业的目的：保留系统数据，便于管理员操作。例如，某个用户的账号被盗，然后被删除了所有的文章内容。次日，用户取回了被盗的账号，但是内容都没了，这时管理员就可以为用户恢复所有被删除的文章内容。

个人的目的：个人用户一般都不知道有这个操作，都以为自己的内容被删除了，管理员看不见，所有用户都看不到。

前台和后台的关系说明

（1）前台页面：用户删除自己发布的文章主题（自己和用户都不可见，管理员可见）。

（2）数据库：系统变更设置。

（3）后台页面：管理员查看到被删除的文章主题（管理操作有删除主题、恢复主题）。

下图展示了前台和后台的关系。

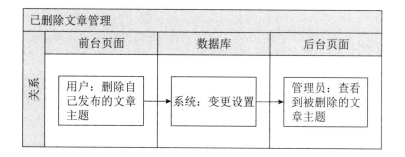

实例

前台页面如下图所示。

文章1   admin
                                                                       29 分钟前

说明

1. 管理员或发布者本人把主题"文章1"删除后，所有用户在前台页面则无法看到该主题"文章1"，但是管理员在后台页面则可以查看到删除后的主题内容。

2. 查看到的内容包括主题名称和发布人、发布时间。

后台页面如下图所示。

	主题	版块	作者	回复 / 查看	最后回复	操作人	原因
☐	文章1	平面设计	admin 2018-4-20	0 / 1	admin 2018-4-20	admin 2018-4-20	

☐ 全选　删除主题　恢复主题

说明

1. 管理员可以查看到被删除的主题"文章1"。

2. 查看到的内容包括主题、版块、作者、回复/查看、最后回复、操作人、原因。

3. 单击主题"文章1"，可以查看到主题的详细内容。

4. 选定指定主题后，单击"删除主题"按钮，则该内容会被彻底删除而无法恢复，管理员在后台也查看不到该主题。

5. 选定指定主题后，单击"恢复主题"按钮，则该内容被恢复，前台所有用户可见该主题的内容。

2.25　创建部门

创建部门的概念

创建部门指的是管理员为公司或工作室栏目增加部门的栏目。通常一个公司或工作室里会有多个部门。

适合范围

创建部门适合CMS、OA系统、ERP进销存系统、CRM系统、协同管理系统、项目管理系统。

目的

企业的目的：系统的架构与企业的业务结构一致，可以在系统中灵活地增加部门和进行管理。

前台和后台的关系说明

（1）后台页面：管理员新建子部门。

（2）数据库：系统变更设置。

（3）后台页面：管理员查看新建的子部门。

下图展示了前台和后台的关系。

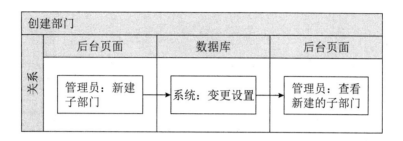

实例

后台页面如下图所示。

说明

可见rysos工作室里包括销售部、财务部、推广部。

新建部门的页面如下图所示。

说明

1.单击"新建子部门"按钮后，弹出"新建部门"功能页面。

2.在"部门名称"文本框中输入"技术部"，并单击"确定"按钮。

新增部门后的页面如下图所示。

说明

创建部门"技术部"成功后，可见rysos工作室里包括销售部、财务部、推广部、技术部。

2.26　新建成员

新建成员的概念

新建成员指的是创建部门后，可以为部门里新增成员，表示该成员属于该部门，拥有该部门的权限。

适合范围

新建用户适合CMS、OA系统、ERP进销存系统、CRM系统、协同管理系统、项目管理系统。

目的

企业的目的：系统的架构与企业的业务结构一致，在系统里可以灵活地增加用户。

前台和后台的关系说明

（1）后台页面：管理员新建成员（录入相关信息内容）。

（2）数据库：系统变更设置。

（3）后台页面：管理员查看到部门里显示新成员。

下图展示了前台和后台的关系。

新建成员		
	后台页面	数据库	后台页面

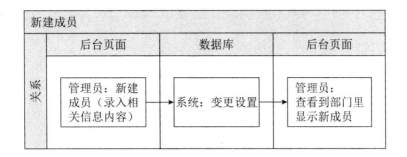

实例

后台页面如下图所示。

说明

单击"新建成员"按钮，则显示新建成员的功能页面。

后台页面填写新成员的信息，如下图所示。

说明

1. 在新建成员的页面输入"成员信息"，单击"确定"按钮则可以增加成员。

2.成员信息包括姓名、性别、职务、手机、生日、邮箱、联系电话、所属部门等。

新建成员成功后的页面如下图所示。

说明

新建成员成功后，在"技术部"页面里可见新建的成员"林某某"信息。

2.27 变更部门

变更部门的概念

变更部门指的是实际工作中用户从A部门换到B部门后，系统也需要将用户从A部门变更到B部门，这样用户在系统中才会拥有B部门的权限。

适合范围

变更部门适合CMS、OA系统、ERP进销存系统、CRM系统、协同管理系统、项目管理系统。

目的

企业的目的：系统的架构与企业的业务结构一致，在系统中可以灵活地变更管理。

前台和后台的关系说明

（1）后台页面：管理员修改用户成员的所属部门。
（2）数据库：系统变更设置。

（3）后台页面：管理员看到新部门里显示已变更成员名单，旧部门里不显示已变更成员名单。（说明用户变更部门成功。）

下图展示了前台和后台的关系。

变更部门			
关系	后台页面	数据库	后台页面
	管理员：修改用户成员的所属部门 →	系统：变更设置 →	管理员：查看到新部门里显示已变更成员名单，旧部门里不显示已变更成员名单。

实例

后台页面如下图所示。

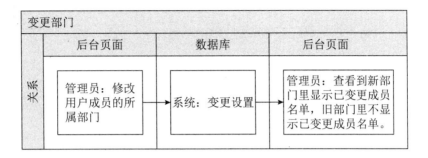

编辑成员

成员信息

* 姓名： 林某某

性别： ○女 ●男

职务：

手机：

生日：

邮箱： 189394@qq.com

联系电话：

* 所属部门： rysos 工作室× 技术部× 修改

确定 取消

说明

进入"编辑成员"页面，在"所属部门"功能里单击"修改"按钮。

变更操作如下图所示。

说明

1.取消勾选"技术部",再勾选"推广部",单击"确定"按钮,则变更部门成功。

2.在左栏"选择成员所在部门"勾选相应内容,右栏"成员将属于以下部门"会显示最终结果,以便确认结果。

变更后的前台页面如下图所示。

说明

1.可见变更部门后,用户所在的部门已经成功变更,由"技术部"变为"推广部"。

2.由于用户变更了部门,系统的权限也发生变化。

2.28　基本资料的内容设置

基本资料的内容设置的概念

基本资料的内容设置指的是用户登录后,可以在"基本资料"栏目里完善填写的资料内容。

适合范围

基本资料的内容设置适合电商系统，CMS，OA系统，社交系统，博客系统，金融系统（银行、基金、证券），ERP进销存系统，CRM系统，协同管理系统，新闻系统，项目管理系统，Bug跟踪系统等。

目的

企业的目的：可以对用户的基本资料进行分析，根据用户查阅内容的爱好，给用户推广更多其爱好的内容，智能管理用户的基本资料。

前台和后台的关系说明

（1）后台页面：管理员勾选用户可以填写的资料项。

（2）数据库：系统变更设置。

（3）前台页面：用户可填写管理员勾选的基本资料项（也就是说管理员勾选哪些资料，用户就可以完善填写哪些资料）。

下图展示了前台和后台的关系。

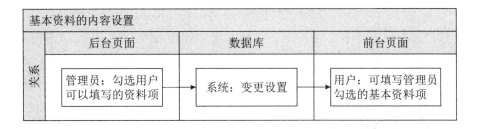

实例

前台页面如下图所示。

说明

1. 用户在系统"设置"→"个人资料"→"基本资料"里面都可以完善填写个人的基本资料。

2. 用户可以填写的基本资料包括真实姓名、性别、生日、出生地、居住地、情感状态、交友目的、血型等。管理员可以在后台页面里设置勾选，勾选后则前台页面用户可以填写。

后台页面如下图所示。

说明

管理员在后台页面"基本资料"栏目里勾选资料项后，用户在前台页面的"基本资料"页面里就可以填写。

2.29　基本资料的自定义

基本资料的自定义的概念

基本资料的自定义指的是管理员可以为基本资料添加字段，添加字段后可以勾选相应项让用户在前台页面填写。

适合范围

基本资料的自定义适合电商系统，CMS，OA系统，社交系统，博客系统，金融系统（银行、基金、证券），ERP进销存系统，CRM系统，协同管理系统，新闻系统，项目管理系统，Bug跟踪系统等。

目的

企业的目的：因为需求人员会随时增加字段，开发人员若增加一个字段就开发一次，再加测试一次，那么每开发一次就需要很长的一段时间。为了使基本资料能智能添加字段，提高管理效率，需要对基本资料自定义。

前台和后台的关系说明

（1）后台页面：管理员新建和勾选自定义资料项。

（2）数据库：系统变更设置。

（3）前台页面：用户可填写管理员勾选的基本资料项（也就是说管理员勾选哪些资料，用户就可以完善填写哪些资料）。

下图展示了前台和后台的关系。

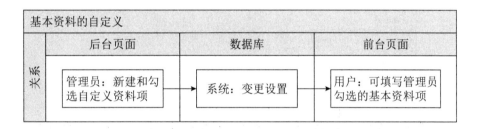

实例

后台页面如下图所示。

说明

　　自定义一个"喜欢的书"的资料。（备注：后台可以自定义增加资料项，避免增加一个资料项就开发很长时间的问题。）

　　增加资料的操作如下图所示。

说明

　　1.增加资料项：管理员可以设置栏目名称、栏目介绍、表单类型、是否启用。

　　2.设置成功，即表示添加资料项成功。

　　前台页面如下图所示。

说明

后台新增"喜欢的书"资料项成功后，前台用户可见"喜欢的书"资料项可填写。

2.30　表单类型的说明

表单类型的概念

表单类型指的是用户在互联网系统中可以填写、勾选、上传资料内容的区域。

适合范围

表单类型说明适合电商系统，CMS，OA系统，社交系统，博客系统，金融系统（银行、基金、证券），ERP进销存系统，CRM系统，协同管理系统，新闻系统，项目管理系统，Bug跟踪系统等。

目的

表单类型可以让用户填写、勾选、上传相关的信息内容。

表单的说明

互联网系统的常见表单有单行文本框、多行文本框、单选（即单选按钮）、复选框、下拉菜单、多选列表框、上传图片等。

实例

前台和后台的表单类型如下表所示。

表单类型	前台显示页面	后台设置页面
单行文本框	喜欢的书	表单类型： ● 单行文本框 ○ 多行文本框 ○ 单选框 ○ 复选框 ○ 下拉菜单 ○ 多选列表框 ○ 上传图片 大小限定： 0　　　　　　最多可填写的字符数或勾选可选择的项数，图片类型时限制了上传图片大小(单位:KB) 正则验证： 　　　　　　检验输入数据的正则表达式，请慎重修改

续表

表单类型	前台显示页面	后台设置页面
多行文本框	喜欢的书	**表单类型:** ○ 单行文本框 ● 多行文本框 ○ 单选框 ○ 复选框 ○ 下拉菜单 ○ 多选列表框 ○ 上传图片 **大小限定:** `0`　　最多可填写的字符数或最多可选择的项数,图片类型时限制了上传图片大小(单位:KB) **正则验证:** 　　　　检验输入数据的正则表达式,请慎重修改
单选框	喜欢的书 ● 深圳的书 　　　　 ○ 北京的书 　　　　 ○ 上海的书	**表单类型:** ○ 单行文本框 ○ 多行文本框 ● 单选框 ○ 复选框 ○ 下拉菜单 ○ 多选列表框 ○ 上传图片 **可选值:** 深圳的书 北京的书 上海的书　　每行一个值,例如输入: 北京 上海 双击输入框可扩大/缩小
复选框	喜欢的书 ☑ 深圳的书 　　　　 ☑ 北京的书 　　　　 ☐ 上海的书	**表单类型:** ○ 单行文本框 ○ 多行文本框 ○ 单选框 ● 复选框 ○ 下拉菜单 ○ 多选列表框 ○ 上传图片 **大小限定:** `0`　　最多可填写的字符数或最多可选择的项数,图片类型时限制了上传图片大小(单位:KB) **可选值:** 深圳的书 北京的书 上海的书　　每行一个值,例如输入: 北京 上海 双击输入框可扩大/缩小
下拉菜单	喜欢的书 [深圳的书 ▼] 深圳的书 北京的书 上海的书	**表单类型:** ○ 单行文本框 ○ 多行文本框 ○ 单选框 ○ 复选框 ● 下拉菜单 ○ 多选列表框 ○ 上传图片 **可选值:** 深圳的书 北京的书 上海的书　　每行一个值,例如输入: 北京 上海 双击输入框可扩大/缩小

续表

表单类型	前台显示页面	后台设置页面
多选列表框	喜欢的书 深圳的书 北京的书 上海的书	表单类型: ○ 单行文本框 ○ 多行文本框 ○ 单选框 ○ 复选框 ○ 下拉菜单 ◉ 多选列表框 ○ 上传图片 大小限定: 0 可选值: 深圳的书 北京的书 上海的书
上传图片	喜欢的书 选择文件 未选择任何文件 喜欢的书 选择文件 IMG_0210.JPG	表单类型: ○ 单行文本框 ○ 多行文本框 ○ 单选框 ○ 复选框 ○ 下拉菜单 ○ 多选列表框 ◉ 上传图片 大小限定: 0

说明

1. 表单类型：常见的类型有单行文本框、多行文本框、单选框、复选框、下拉菜单、多选列表框、上传图片等。

2. 若管理员在"后台页面"设置了表单类型，则"前台页面"用户可见的表单类型与其对应。

3. 从上述实例说明中，可以看到各种表单的前台和后台互动的状态。

2.31 定时任务

定时任务的概念

定时任务指的是互联网系统按照管理员设置的时间和内容，到达时间后系统自动执行任务。

适合范围

定时任务适合电商系统，CMS，OA系统，社交系统，博客系统，金融系统（银行、基金、证券），ERP进销存系统，CRM系统，协同管理系统，新闻系统，项目管理系统，Bug跟踪系统等。

目的

企业的目的：让系统更加自动化，减少工作时间更新程序。例如，网站程序在02:00～05:00用户量为0，系统自动在此范围内执行SQL内容更新程序。

前台和后台的关系说明

（1）后台页面：管理员设置定时任务的内容。

（2）数据库：系统变更设置。

（3）后台页面：按照设置的时间和内容，程序自动更新。用户使用更新后的内容。

下图展示了前台和后台的关系。

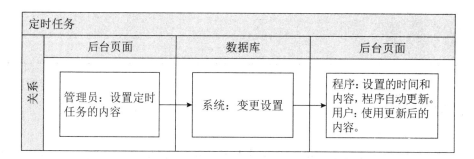

实例

后台页面如下图所示。

说明

1. 后台程序可以控制系统在指定时间、指定间隔、指定次数自动执行SQL命令。

2. 常见的支持三种类型：请求URL、执行SQL、执行Shell。

具体的操作如下图所示。

说明

1. 单击"编辑"按钮后，可以对原设定的指定时间、指定间隔、指定次数进行编辑修改。

2. Linux下可以使用crontab命令制定定时任务。

2.32 用户页面框架设置

用户页面框架设置的概念

用户页面框架设置指的是管理员后台可以调整用户查看的页面结构，左边栏目的模块可以调整到右边栏目的模块，右边栏目的模块可以调整到左边栏目的模块。

适合范围

用户页面框架设置适合电商系统，CMS，OA系统，社交系统，博客系统，金融系统（银行、基金、证券），ERP进销存系统，CRM系统，协同管理系统，新闻系统，项目管理系统，Bug跟踪系统等。

目的

企业的目的：用户体验更加好，给用户带来新鲜感。例如，原来相册模块放在左边栏目，网站系统用了几年后，把相册模块放在右边栏目，这样用户就感觉到有新鲜感，也可能逐渐改变用户的阅读习惯。

前台和后台的关系说明

（1）后台页面：管理员拖拉设置页面框架。

（2）数据库：系统变更设置。

（3）前台页面：用户查看到新的页面框架和内容。

下图展示了前台和后台的关系。

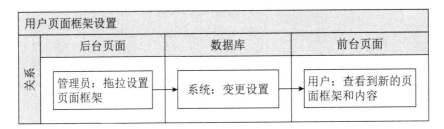

实例

变更前的前台页面如下图所示。

说明

    1.上图所示：左栏显示头像、朋友、视频、相册的模块，右栏显示个人信息资料描述和个人的新闻发布的模块。

    2.通过系统后台，管理员可以控制用户前台页面的左右栏的宽度和各个模块的顺序位置。

后台页面如下图所示。

说明

1.可以拖动左栏和右栏的宽度，用于控制前台页面栏目的宽度。

2.可以拖动左栏和右栏的模块位置互换，则前台页面的位置也对应自动调整。

宽度拖动成功后的页面如下图所示。

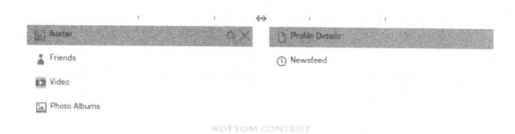

    左栏和右栏的功能模块拖动后的效果如下图所示，可见相册模块从左栏已经移动至右栏。

变更后的前台页面如下图所示。

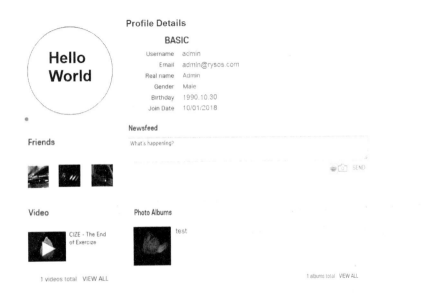

(说明)

在前台页面中用户可见相册模块已经从左栏变更至右栏。

2.33　表情管理

表情管理的概念

表情管理指的是管理员可以在后台页面添加表情，用户发布内容时可以使用管理员添加的表情。

适合范围

表情管理适合电商系统，CMS，OA系统，社交系统，博客系统，金融系统（银行、基金、证券），ERP进销存系统，CRM系统，协同管理系统，新闻系统，项目管理系统，Bug跟踪系统等。

目的

企业的目的：让用户使用可爱的表情，这是商业模式的一种方法。例如，用户想要使用特别的表情，则需要付款购买。

个人的目的：希望节省打字的时间；使用可爱的表情代替文字表达，表情会更容易吸引其他用户查看。

前台和后台的关系说明

（1）后台页面：管理员添加表情。

（2）数据库：系统变更设置。

（3）前台页面：用户查看和使用管理员添加的表情。

下图展示了前台和后台的关系。

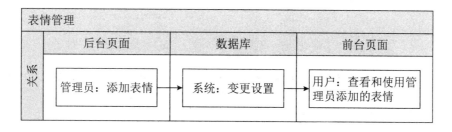

实例

前台页面如下图所示。

（说明）

1. 用户发布内容时，可使用"表情"功能。
2. 单击"表情"按钮后，显示所有的表情图。

后台的表情管理页面如下图所示。

启用	表情分类	目录		表情数量	
✓	默认	./s████/image/s████/default		4	更新 导出 详情

（说明）

1. 表情分类"默认"，即用户前台页面所见的表情分类名称。
2. 目录：指"默认"表情文件夹存放的位置路径。
3. 表情数量：指"默认"分类拥有的表情数量，也即管理员上传的表情数量。
4. 上传新表情到目录里，需要单击"更新"按钮，系统自动更新表情数量。

后台的详情页面如下图所示。

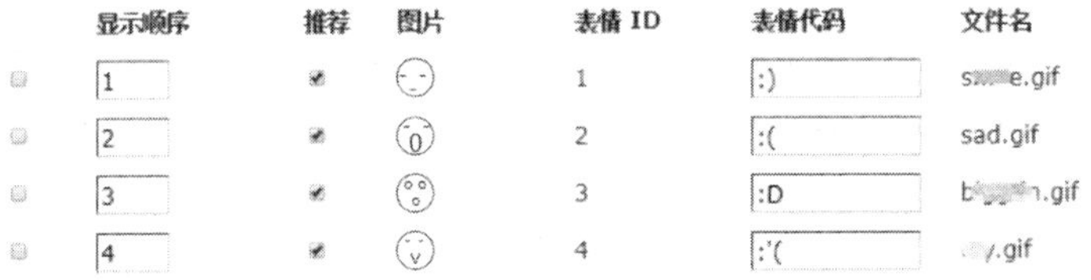

	显示顺序	推荐	图片	表情 ID	表情代码	文件名
○	1	✓	☺	1	:)	s████e.gif
○	2	✓	⊙	2	:(	sad.gif
○	3	✓	☺	3	:D	b████n.gif
○	4	✓	☺	4	:'(	███y.gif

（说明）

单击"详情"按钮后，显示表情的显示顺序、推荐、图片、表情ID、表情代码、文件名的内容。

后台的表情添加页面如下图所示。

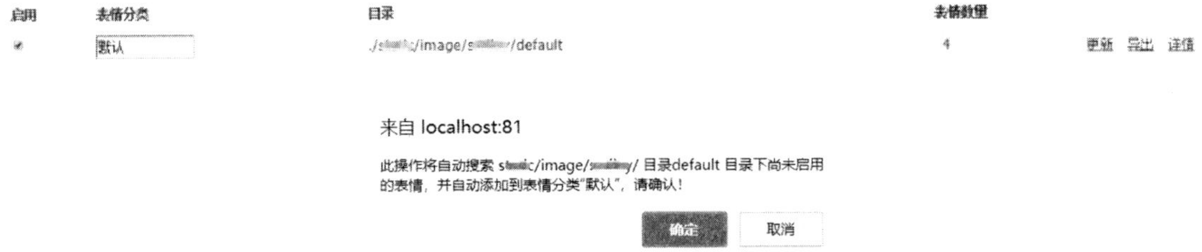

启用	表情分类	目录		表情数量	
✓	默认	./s████/image/s████/default		4	更新 导出 详情

来自 localhost:81

此操作将自动搜索 s████c/image/s████y/ 目录default 目录下尚未启用
的表情，并自动添加到表情分类"默认"，请确认！

确定   取消

（说明）

1. 用户通过FTP上传新的表情到"默认"的目录路径里。
2. 用户单击"更新"按钮后，弹出提示框，单击"确定"按钮即表情添加更新成功。
3. 更新表情成功后，在前台和后台均增加了新上传的表情图。

2.34　邮箱发送验证码注册

邮箱发送验证码注册的概念

邮箱发送验证码注册指的是管理员在后台页面配置邮箱的设置后，用户注册时邮箱才可以收到邮箱验证码。

适合范围

邮箱发送验证码注册适合电商系统，CMS，OA系统，社交系统，博客系统，金融系统（银行、基金、证券），ERP进销存系统，CRM系统，协同管理系统，新闻系统，项目管理系统，Bug跟踪系统等。

目的

企业的目的：验证用户的邮箱是否是本人的，提高系统安全性，后续针对用户发送广告等相关信息。

个人的目的：用户忘记密码时，可以使用邮箱取回密码。

前台和后台的关系说明

（1）后台页面：管理员配置管理员发送邮件的邮箱。

（2）数据库：系统变更设置。

（3）前台页面：用户注册时，用户邮箱可以收到管理员邮箱自动发送的注册验证码。

下图展示了前台和后台的关系。

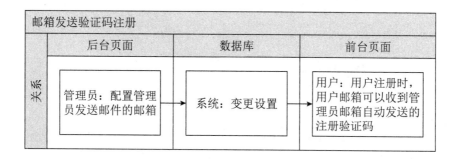

实例

后台页面如下图所示。

说明

后台设置邮箱的E-mail、SMTP主机、端口、用户名、密码等内容。

前台页面如下图所示。

说明

1. "用户注册"页面：用户输入E-mail后，单击"发送验证码"按钮，用户邮箱即可收到邮件。

2. 输入正确的邮箱验证码后，单击"下一步"按钮，用户即可注册成功。

邮箱发送验证码注册成功的效果如下图所示。

说明

用户收到系统自动发的验证码888888后，去注册页面输入验证码，即可注册。

2.35 列表页和内容页

列表页和内容页的概念

列表页是显示多个文章标题，以多行显示的方式显示的页面。

内容页是显示一个文章的详细内容信息的页面，也称为明细页。通常单击文章标题后，进入到内容页。

适合范围

列表页和内容页适合电商系统，CMS，OA系统，社交系统，博客系统，金融系统（银行、基金、证券），ERP进销存系统，CRM系统，协同管理系统，新闻系统，项目管理系统，Bug跟踪系统等。

目的

企业的目的：让用户可以有层次地查阅，第一层查看文章的标题，第二层查看文章的详细内容，便于用户搜索标题和内容。

列表页和内容页的关系说明

列表页通常显示的是文章的标题、发布人名字、发布的时间。

内容页通常显示的是文章的标题、发布人名字、发布的时间和详细的内容。

单击列表页的标题后，即进入该标题的详细内容页。

实例

列表页的前台页面如下图所示。

说明

列表页：显示多个文章标题。

内容页的前台页面如下图所示。

说明

内容页：显示详细的文章标题和文章内容。

一级菜单的前台页面如下图所示。

说明

一级菜单：指所见即所得，无须鼠标任何操作看到的菜单。

二级菜单的前台页面如下图所示。

说明

二级菜单：指鼠标单击或经过一级菜单后弹出的菜单。

网站首页的前台页面如下图所示。

说明

首页：网址输入www.×××.com进入的页面，一般称为网站首页。

2.36　更新缓存

更新缓存的概念

更新缓存指的是清理服务器保存的缓存内容，清理缓存后，使得硬盘的空间多了，程序查阅更快了。

适合范围

更新缓存适合电商系统，CMS，OA系统，社交系统，博客系统，金融系统（银行、基金、证券），ERP进销存系统，CRM系统，协同管理系统，新闻系统，项目管理系统，Bug跟踪系统等。

目的

企业的目的：减轻服务器的负荷，提高服务器的性能，使得用户体验更好。

个人的目的：提高访问网站系统的速度，可以更快地查阅网站的内容，减少等待时间。

前台和后台的关系说明

（1）后台页面：管理员更新缓存。

（2）数据库和程序：系统数据文件、模板文件的缓存自动清理。

下图展示了前台和后台的关系。

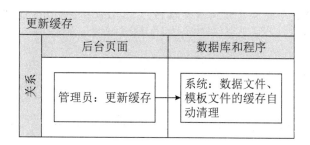

实例

更新缓存时后台页面如下图所示。

☑ 数据缓存 ☑ 模板缓存 ☐ DIY 模块分类缓存

确定　取消

清理临时目录和清理缓存的后台页面如下图所示。

清理临时目录：　　　　　☑

清理缓存：　　　　　　　☑

确定

说明

1. 程序代码、程序的设计模板等缓存文件更新后，当用户使用客户端时，发现更新的内容没有立即生效，那么需要清理缓存。

2. 缓存文件是系统为了提高用户访问网站系统的速度，将曾经浏览过的网站内容（包括图片、文字、cookie、js）存放在用户的本地计算机里。用户每次访问曾经访问过的网站时，浏览器会先搜索缓存文件，如果是曾经访问过的内容，浏览器就会直接从缓存文件读取，提高了访问网站的速度。同时可能造成程序更改过，但新数据与缓存文件的数据无法同步，这时就需要更新缓存文件。

3. 用户计算机的缓存文件通常存放在路径C：\Users\username\AppData\Local\Microsoft\Windows\INetCache\下。

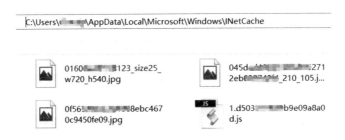

2.37 订单查询页面

订单查询页面的概念

订单查询页面指的是用户购买商品后，可以查询到订单的状态的页面。

适合范围

订单查询页面适合电商系统，金融系统（银行、基金、证券），ERP进销存系统，CRM系统等。

目的

企业的目的：让用户在系统上查询到订单的状态，减少用户打电话咨询的次数。例如，一个客服一天也就处理几十个电话，但一套系统可以帮助所有用户查询到订单状态。

个人的目的：可以更快速地了解订单的状态。

前台和后台的关系说明

（1）前台页面：用户输入正确的订单号并查询。

（2）数据库：系统读取数据库信息。

（3）前台页面：用户显示该订单状态信息。

（4）后台页面：管理员查看订单的详细内容。

下图展示了前台和后台的关系。

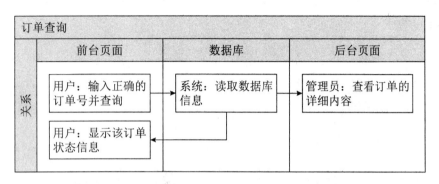

实例

前台页面如下图所示。

说明

用户下订单后，系统会自动生成订单号，用户输入订单号可以自行查询订单状态。

用户登录后的"我的订单"页面如下图所示。

订单号	下单时间	订单总金额	订单状态	操作
2018050253006	2018-05-02 11:02:47	￥24.00元	已确认,已付款,未发货	查看订单
2010090851714	2010-09-08 18:03:56	￥24.00元	未确认,未付款,未发货	取消订单
2009060171713	2009-06-01 21:54:26	￥37.00元	未确认,未付款,未发货	取消订单
2009060141709	2009-06-01 21:49:27	￥75.00元	未确认,未付款,未发货	取消订单

总计 4 个记录

说明

用户登录后，在"我的订单"页面，可以查询到个人所有的订单。可查询的内容包括订单号、下单时间、订单总金额、订单状态、操作。

管理员的订单管理页面如下图所示。

说明

管理员登录后，在"订单管理"页面，可以查询所有用户的订单。可查询的内容包括订单号、下单时间、收货人、总金额、应付金额、订单状态、操作。

第 3 章

后台安全管理模块

网络时代，上网都留有痕迹。系统后台必须有安全管理模块，才能使系统和用户信息安全。管理员也是人，也会操作错误，错了经常不承认，但在系统后台各种日志面前，内部人员做错事不承认，这是不可能的。

系统的后台安全管理模块的目的是采取有效的控制措施使其风险性降到最低，从而使系统在规定的性能、时间和成本范围内达到最佳的安全程度。

在非互联网企业中，安全后台管理模块的功能基本不存在。因为提交需求的人员和老板，都认为安全的功能，既不能赚钱，又需花费大量人力和时间，还不如多做几个业务性的功能，反正有问题找技术即可。所以导致非互联网企业80%的技术管理层从0到1完成后离职，后续出现的非功能性问题严重，程序中出现各种漏洞。

3.1　数据备份（方法一）

数据备份的概念

数据备份指的是为防止系统出现操作失误或系统故障导致数据丢失，管理员对数据进行的备份。备份的数据文件可以保存在本地主机或服务器主机，备份文件可以还原到服务器主机的硬盘，使其系统程序恢复到原先正常的数据。

适合范围

数制备份（方法一）适合电商系统，CMS，OA系统，社交系统，博客系统，金融系统（银行、基金、证券），ERP进销存系统，CRM系统，协同管理系统，新闻系统，项目管理系统，Bug跟踪系统等。

目的

企业的目的：使数据更加安全，可以恢复损坏或丢失的数据。

个人的目的：不影响用户的信息安全即可，尤其涉及金额的程序系统。

后台的关系说明

（1）后台页面：管理员选择备份的内容（程序自动保存SQL格式的文件）。

（2）数据库：系统提供数据库内容。

（3）后台页面：管理员整理出SQL数据库文件，保存在服务器或本地计算机。

下图展示了前台和后台的关系。

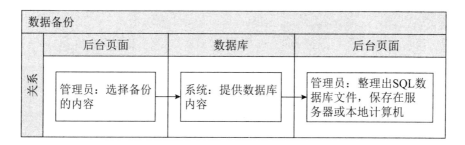

实例

数据备份功能，前台不存在页面，所以用户看不见、摸不着。

后台备份的页面如下图所示。

备份方式：

⦿备份全部数据备份　全部数据表中的数据到一个备份文件

○备份单张表数据 请选择数据表 ▽ 备份单独的数据表到备份文件

使用分卷备份：

☑分卷备份 2024　K

选择目标位置：

⦿备份到服务器

○备份到本地

［备　份］

说明

1. 备份方式：可以备份全部数据表或单张、多张数据表。
2. 分卷备份：指每个分卷最大的容量。超过指定的容量即自动分卷。
3. 选择目标位置：可以备份到服务器或备份到本地计算机上。

备份到本地的操作如下图所示。

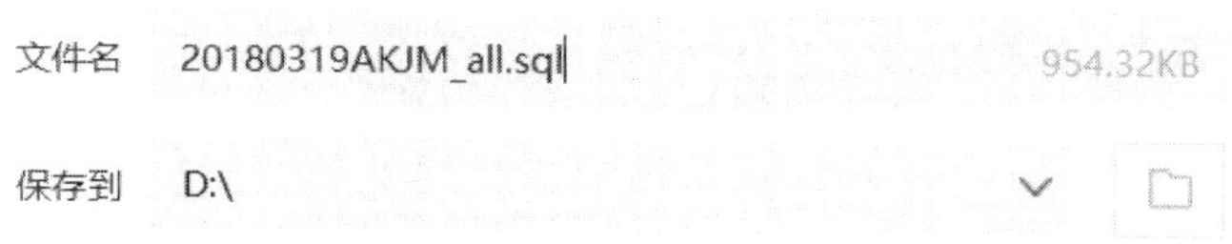

文件名	20180319AKJM_all.sql		954.32KB
保存到	D:\	∨	▢

4. 单击"备份"按钮后，备份成功则提示"恭喜你！数据表已成功备份完成"。
5. 查询是否备份成功：在服务器上查询是否存在这个*.sql的文件，若存在则在服务器上备份成功。在本地计算机上查询是否存在这个*.sql的文件，若存在则在本地计算机备份成功。

3.2　数据备份（方法二）

数据备份的概念

数据备份的概念见3.1节。

适合范围

数据备份（方法二）适合电商系统，CMS，OA系统，社交系统，博客系统，金融系统（银行、基金、证券），ERP进销存系统，CRM系统，协同管理系统，新闻系统，项目管理系统，Bug跟踪系统等。

目的

企业的目的：使数据更加安全，可以恢复损坏或丢失的数据。

个人的目的：不影响用户的信息安全即可，尤其涉及金额的程序系统。

后台的关系说明

（1）后台页面：管理员选择备份的内容（管理员可以选择数据文件以SQL格式 保存）。
（2）数据库：系统提供数据库内容。

（3）后台页面：管理员整理出数据库文件，保存到在服务器或本地计算机。

下图展示了前台和后台的关系。

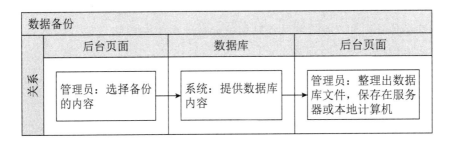

实例

导出数据库的后台页面如下图所示。

说明

1. 上左图表示从服务器中导出数据库。

2. 导出的数据库命名为"localhost_3307.sql"。若导出成功，则备份成功。

常见导出的数据库"格式"包括：CodeGen、CSV、MS Excel的CSV格式、Microsoft Word 2000、JSON、LaTeX、MediaWiki表、OpenOffice表格、OpenOffice文档、PDF、PHP数组、SQL、Texy!文本、YAML等，如下图所示。

导入数据库到服务器的页面如下图所示。

说明

1. 把导出的数据库localhost_3307. sql，导入服务器，还原数据。

2. 导入SQL文件成功后，查看系统的前台页面和后台页面的数据正常，则备份文件成功并可用。

3. 作者经常使用软件备份，备份完成后，由于系统的PHP+MySQL等版本不同，导致导入数据库文件失败。建议备份完成后，记录系统和程序的版本号以及测试下备份文件是否可用。

3.3 数据备份（方法三）

数据备份的概念

本节介绍的数据备份指的是手动备份程序和数据文件，手动备份服务器上的PHP程序文件和MySQL数据库文件。

适合范围

数据备份（方法三）适合电商系统CMS，OA系统，社交系统，博客系统，金融系统

（银行、基金、证券），ERP进销存系统，CRM系统，协同管理系统，新闻系统，项目管理系统，Bug跟踪系统等。

目的

企业的目的：使数据更加安全，恢复损坏或丢失的数据。

个人的目的：不影响用户的信息安全即可，尤其涉及金额的程序系统。

服务器主机和本地主机的关系说明

（1）服务器主机：管理员复制程序文件和数据库文件。

（2）本地主机：管理员将其保存在本地主机里（本地主机里的程序文件和数据库文件，可以用于恢复）。

下图展示了前台和后台的关系。

数据备份		
	服务器主机	本地主机
关系	管理员：复制程序文件和数据库文件	管理员：将其保存在本地主机里

实例

手动备份时，程序文件通常在文件夹www下，把整个文件夹复制到备份硬盘上即可，如下图所示。

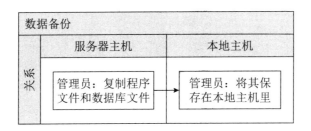

数据库文件通常在文件夹data下，把整个文件夹复制到备份硬盘上即可，如下图所示。

名称	修改日期	类型	大小
test	2011/5/31 17:53	文件夹	
wcbbs	2018/3/19 14:31	文件夹	
wcblog	2018/3/19 14:31	文件夹	

> wamp64 > bin > mysql > mysql5.7.14 > data

什么场合适用这种手动备份方法呢？

如果项目时间有限，系统没有后台备份，服务器也没同步备份，就需要上述的方法手动备份。

3.4　缓存优化

缓存优化的概念

缓存优化包括查询缓存优化、结果集缓存、排序缓存、连接缓存、表缓存Cache与表结构定义缓存Cache、表扫描缓存buffer、索引缓存、日志缓存、延迟表与临时表的优化。缓存优化后能提高程序的运行速度，用户和管理员访问网站可感觉到速度提升。

适合范围

缓存优化适合电商系统，CMS，OA系统，社交系统，博客系统，金融系统（银行、基金、证券），ERP进销存系统，CRM系统，协同管理系统，新闻系统，项目管理系统，Bug跟踪系统等。

目的

企业的目的：减少服务器的垃圾文件，提高程序的运行速度。

后台和缓存的关系说明

（1）后台：管理员进行缓存设置。

（2）系统：按程序自动优化缓存，并显示清空缓存文件的数量。

实例

后台页面如下图所示。

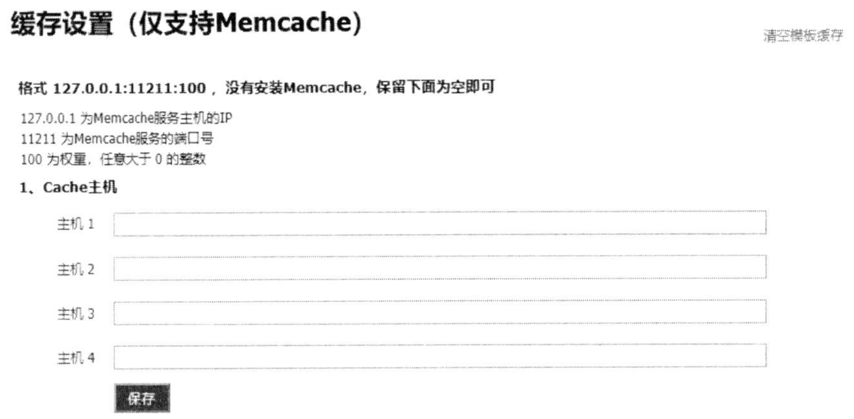

缓存设置 (仅支持Memcache)

清空横板缓存

格式 127.0.0.1:11211:100，没有安装Memcache，保留下面为空即可

127.0.0.1 为Memcache服务主机的IP
11211 为Memcache服务的端口号
100 为权重，任意大于 0 的整数

1、Cache主机

主机 1 _____

主机 2 _____

主机 3 _____

主机 4 _____

保存

说明

127.0.0.1:11211:100：其中127.0.0.1为Memcache服务主机的IP，11211为Memcache服务的端口号，100为权重，权重必须为大于0的整数。

缓存优化操作成功的页面如下图所示。

来自 localhost

操作成功，清空缓存文件132个，未清空0个

确定

说明

1. Memcache是一套分布式的高速缓存系统，是一套开放源代码的软件系统。目前很多网站系统都使用Memcache，以提升网站的访问速度。常见的一些大中型网站系统、需频繁访问数据库的网站，都使用了Memcache缓存优化，访问网站速度提升效果十分显著。

2. 清空缓存后显示信息提示"操作成功，清空缓存文件132个，未清空0个。"

3.5 数据表优化

数据表优化的概念

数据表优化是指优化数据库中的数据表，优化后整理好每一个数据表的碎片。

适合范围

数据表优化适合电商系统，CMS，OA系统，社交系统，博客系统，金融系统（银行、基金、证券），ERP进销存系统，CRM系统，协同管理系统，新闻系统，项目管理系统，Bug跟踪系统等。

只要程序涉及数据库的，都可以使用此功能。

目的

企业的目的：使用户和管理员查询与访问数据库更快。

后台页面和数据库的关系说明

（1）后台页面：管理员查询和处理数据表的总碎片数。

（2）数据库：提供和更新数据库内容。程序：分析和处理每个表的碎片。

下图展示了前台和后台的关系。

```
数据表优化
┌──────────────┬──────────────────┐
│   后台页面    │   数据库和程序     │
├──┬───────────┼──────────────────┤
│关│ 管理员：查询│ 数据库：提供和更  │
│系│ 和处理     │ 新数据库内容      │
│  │ 数据表的总  │ 程序：分析和处理  │
│  │ 碎片数     │ 每个表的碎片      │
└──┴───────────┴──────────────────┘
```

实例

后台页面如下图所示。

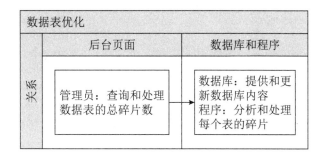

说明

数据库在使用的过程中，会不断增加碎片数。碎片数越多，用户读写数据越慢。数据表优化可以提升速度。

数据表优化后总碎片数有191个，如下图所示。

碎片清理成功后，可见总碎片数为0，如下图所示。

总碎片数:0 开始进行数据表优化						
数据表	数据表类型	记录数	数据	碎片	字符集	状态
wcshop_account_log	MyISAM	0	0.00 KB	0	utf8_general_ci	OK
wcshop_ad	MyISAM	1	0.05 KB	0	utf8_general_ci	OK
wcshop_ad_position	MyISAM	1	0.13 KB	0	utf8_general_ci	OK
wcshop_admin_action	MyISAM	106	2.16 KB	0	utf8_general_ci	OK
wcshop_admin_log	MyISAM	311	16.70 KB	0	utf8_general_ci	OK
wcshop_admin_message	MyISAM	0	0.00 KB	0	utf8_general_ci	OK
wcshop_admin_user	MyISAM	2	0.58 KB	0	utf8_general_ci	OK

3.6　数据还原

数据还原的概念

数据还原指的是数据通过备份后，将备份数据恢复到服务器的数据库中，恢复成功，则证明数据还原成功。

适合范围

数据还原适合电商系统，CMS，OA系统，社交系统，博客系统，金融系统（银行、基金、证券），ERP进销存系统，CRM系统，协同管理系统，新闻系统，项目管理系统，Bug跟踪系统等。

目的

企业的目的：数据库损坏或丢失数据时，还原数据使系统，程序可以正常地运行。

前台和后台的关系说明

（1）后台页面：管理员选择和执行还原的数据库备份文件。

（2）数据库：系统更新数据库内容。

（3）前台页面：用户查看到还原后的数据。

下图展示了前台和后台的关系。

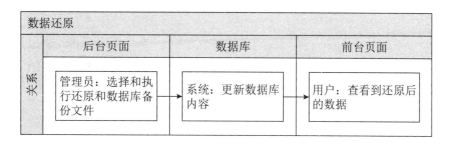

实例

数据备份主文件的后台页面如下图所示。

数据备份记录								
	文件名	版本	时间	类型	尺寸	方式	卷数	
☐	180507_AuD71h8x	V1.2	2018-5-7 11:57	电商 和 社区 数据	4.15 MB	多卷	3	导入
☐	180507_ztOTHvOL	V1.2	2018-5-7 11:53	电商 和 社区 数据	4.15 MB	多卷	3	导入

☐删除　提交

说明

可见有2个备份文件，每个备份文件都有文件名、版本、时间、类型、尺寸、方式、卷数、导入等功能和内容。

数据备份主文件及其细节文件的后台页面如下图所示。

数据备份记录

	文件名	版本	时间	类型	尺寸	方式	卷数	
☐	180507_AuD71h8x	V1.2	2018-5-7 11:57	电商和社区 数据	4.15 MB	多卷	3	导入
	180507_AuD71h8x-1.sql	V1.2	2018-5-7 11:57		1.95 MB		1	
	180507_AuD71h8x-2.sql	V1.2	2018-5-7 11:57		1.95 MB		2	
	180507_AuD71h8x-3.sql	V1.2	2018-5-7 11:57		252.18 KB		3	
☐	180507_ztOTHvOL	V1.2	2018-5-7 11:53	电商和社区 数据	4.15 MB	多卷	3	导入
	180507_ztOTHvOL-1.sql	V1.2	2018-5-7 11:53		1.95 MB		1	
	180507_ztOTHvOL-2.sql	V1.2	2018-5-7 11:53		1.95 MB		2	
	180507_ztOTHvOL-3.sql	V1.2	2018-5-7 11:53		252.18 KB		3	

☐删除 提交

说明

1. 文件名：系统自动生成的文件规则，从图中可以看到文件命名规则为"日期+8位随机大小写字母和数字"。

2. 版本：调用备份时系统程序的版本号。

3. 时间：显示备份数据库时的日期和时间。

4. 类型：显示备份的数据类型。

5. 尺寸：指SQL数据文件的尺寸，包括总尺寸和单文件的尺寸，如下图所示。

名称	修改日期	类型	大小
180507_AuD71h8x-1.sql	2018/5/7 11:57	SQL 文件	2,000 KB
180507_AuD71h8x-2.sql	2018/5/7 11:57	SQL 文件	2,000 KB
180507_AuD71h8x-3.sql	2018/5/7 11:57	SQL 文件	253 KB

已选择 3 个项目 4.15 MB

6. 方式：多卷和单卷。多卷指SQL备份文件分成多个SQL文件，单卷指SQL备份文件仅有一个SQL文件。

7. 卷数：主文件显示的卷数为3，代表由3个细节文件组成。

8. 导入：指恢复此备份文件的按钮，如下图所示。

您确定导入该备份吗？

备份时的前台页面如下图所示。

说明

备份文件是按上述的文件进行备份。图中可见平面设计栏目有2篇文章。

还原前的前台页面如下图所示。

说明

经过一段时间运行，图中可见平面设计栏目有3篇文章。

还原后的前台页面如下图所示。

说明

由于当前系统平面设计栏目有3篇文章，备份文件平面设计栏目有2篇文章，还原后即显示备份文件的内容，也就是平面设计栏目有2篇文章，证明还原数据库成功。

3.7 防止机器人批量注册

防止机器人批量注册的概念

用户开发自动注册机，通过注册机程序可以在网站批量注册会员。防止机器人批量注册指的是防止这种注册机的注册会员行为。

适合范围

防止机器人批量注册适合电商系统，CMS，OA系统，社交系统，博客系统，金融系统（银行、基金、证券），ERP进销存系统，CRM系统，协同管理系统，新闻系统，项目管理系统，Bug跟踪系统等。

目的

企业的目的：使网站的用户为真实的用户，提升网站运营的价值。例如，网站有1万个用户，9500个用户都是机器人用户，那么数据无法分析和使用。

前台和后台的关系说明

（1）后台页面：管理员修改注册地址字段。
（2）数据库：系统更新数据库内容。
（3）前台页面：用户查看的网站地址需包含管理员修改注册地址字段。

下图展示了前台和后台的关系。

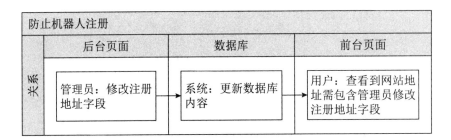

实例

前台页面网址为www.rysos.com /newuser.php?mod=register111。

说明

1. 该网址为用户使用浏览器所看见的注册地址。

2. mod=register111中，register111的值可由系统后台设置。

后台页面如下图所示。

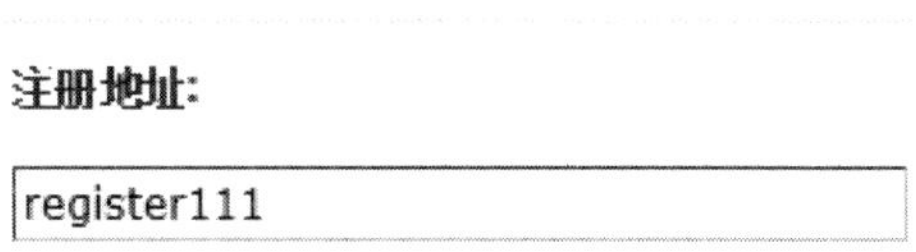

注册地址：

register111

说明

1. 管理员可修改注册地址的输入框内容register111，前台页面MOD的值即根据此内容变化。

2. 修改注册地址的输入框内容是可以防止注册机器人注册的一种方法。

3.8 验证码显示设置

验证码显示设置的概念

验证码显示设置指的是管理员在后台页面设置开启验证码的场合，用户就需要在指定的场合页面输入验证码。

适合范围

验证码显示设置适合电商系统，CMS，OA系统，社交系统，博客系统，金融系统（银行、基金、证券），ERP进销存系统，CRM客户关系管理系统，协同管理系统，新闻系统，项目管理系统，Bug跟踪系统等。

目的

企业的目的：防止机器人注册，防止用户尝试用其他用户的账号和密码登录，使系统更加安全。

前台和后台的关系说明

（1）后台页面：管理员设置启用验证码的场合。

（2）数据库：系统更新数据库内容。

（3）前台页面：用户在管理员勾选的场合页面需要输入验证码。

下图展示了前台和后台的关系。

验证码显示设置		
后台页面	数据库	前台页面
管理员：设置启用验证码的场合 →	系统：更新数据库内容 →	用户：在管理员勾选的场合页面需要输入验证码

(关系)

实例

前台用户注册页面如下图所示。

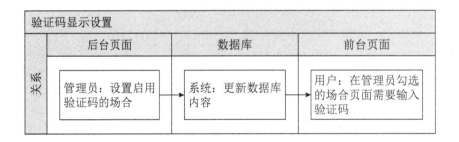

新用户注册界面 **用户登录界面** **后台管理员登录界面**

说明

后台开启验证码后，新用户注册、用户登录、后台管理员登录均需要输入验证码。

后台用户注册页面如下图所示。

说明

管理员可以设置启用验证码的场合。常见的验证码使用场合有新用户注册、用户登录、发表评论、后台管理员登录、留言板留言。

3.9　管理员操作日志（方法一）

管理员操作日志的概念

管理员操作日志指的是管理员在网站后台管理页面操作的事项，系统会记录下详细的操作日志。

适合范围

管理员操作日志适合电商系统，CMS，OA系统，社交系统，博客系统，金融系统（银行、基金、证券），ERP进销存系统，CRM系统，协同管理系统，新闻系统，项目管理系统，Bug跟踪系统等。

目的

企业的目的：防范系统风险和人为风险，便于企业管理。

例如，一个用户准备购买一件100元的商品，用户与网站管理员是亲戚，网站管理员就在系统后台把100元变更为60元，用户查看到60元才支付，使得企业收益少了40元。系统记录下来，就可以防范这样的人为风险。

前台和后台的关系说明

（1）后台页面：管理员通过后台进行升级、编辑、优化操作。

（2）数据库：系统更新数据库内容。

（3）后台页面：管理员查看管理员的操作日志（一般查看管理员的操作日志为超级管理员，超级管理员指拥有后台所有权限的用户）。

下图展示了前台和后台的关系。

管理员操作日志		
后台页面	数据库	后台页面
管理员：通过后台进行升级、编辑、优化操作	系统：更新数据库内容	管理员：查看管理员的操作日志

（左侧纵向标注：关系）

实例

该操作没有前台页面，管理员操作什么，用户是不可能知道的。

后台页面如下图所示。

管理员操作日志

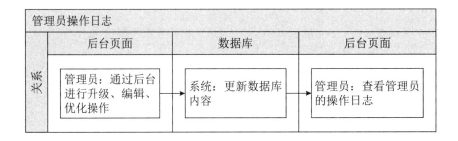

项目：[_____] 分类▼ 筛选 清空操作日志

记录ID	用户ID	邮箱	类型	操作	相关数据	时间
446	1	18███94@qq.com	misc	升级数据库结构	查看详细数据	2018-03-20 13:34:10
445	1	18███94@qq.com	misc	数据库结构优化	查看详细数据	2018-03-20 13:34:07
444	1	18███94@qq.com	team	编辑team项目	查看详细数据	2013-07-11 17:46:11

说明

1. 记录ID：ID号递增，每个id号代表一条管理员操作的日志。

2. 用户ID：指系统为每个用户生成的ID。每个用户均有唯一的用户ID。

3. 邮箱：指用户的邮箱。

4. 类型：系统为每一个程序模块定义的简称，便于记录管理员操作过的模块。

5. 操作：指管理员操作过模块的详细内容，如升级、新建、编辑、删除、优化等。

6. 相关数据：记录相关的详细数据内容。

下图显示了详细数据。

详细数据　　　　　　　　　　　　　　　　　　　　　　关闭 ⊗

array (
  0 => 'title',
  1 => 'market_price',
  2 => 'team_price',
  3 => 'end_time',
  4 => 'begin_time',
  5 => 'expire_time',
  6 => 'min_number',
  7 => 'max_number',
  8 => 'summary',
  9 => 'notice',
  10 => 'per_number',
  11 => 'permin_number',
  12 => 'allowrefund',
  13 => 'product',
  14 => 'image',
  15 => 'image1',
  16 => 'image2',
  17 => 'flv',
  18 => 'now_number',
  19 => 'detail',
  20 => 'userreview',
  21 => 'card',
  22 => 'systemreview',

7.时间：指管理员单击按钮后，系统记录的更新时间。

8.管理员操作日志主要用来查询管理员的操作行为，能够有效地管理内部的管理员，防范内部风险。

3.10　管理员操作日志（方法二）

管理员操作日志的概念

管理员操作日志的概念见3.9节。

适合范围

管理员操作日志适合电商系统，CMS，OA系统，社交系统，博客系统，金融系统（银行、基金、证券），ERP进销存系统，CRM系统，协同管理系统，新闻系统，项目管理系统，Bug跟踪系统等。

目的

企业的目的：防范系统风险和人为风险，便于企业管理。

例如，企业有三个管理员，发布一件100元的商品供用户购买，有一个管理员发布成只需要20元，其他两个管理员不知道此事情。后来企业查问三个管理员，三个管理员都说不知道这件事儿。系统记录下来，就可以防范这样的人为风险。

前台和后台的关系说明

（1）后台页面：管理员通过后台进行编辑、添加、删除、优化操作。

（2）数据库：系统更新数据库内容。

（3）后台页面：管理员查看管理员的操作日志（一般查看管理员的操作日志为超级管理员，超级管理员指拥有后台所有权限的用户）。

下图展示了前台和后台的关系。

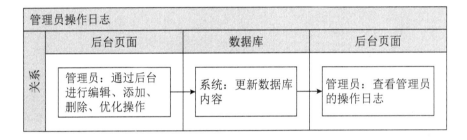

实例

后台管理员的页面如下图所示。

□ 编号▼	操作者	操作日期	IP地址	操作记录
□ 300	admin	2013-06-14 17:50:54	127.0.0.1	编辑商店设置
□ 299	admin	2013-06-14 17:50:37	127.0.0.1	编辑商店设置
□ 298	admin	2012-07-25 19:55:40	127.0.0.1	编辑订单 2011091610944
□ 297	admin	2012-07-25 19:55:31	127.0.0.1	编辑订单 2011091610944
□ 296	admin	2011-09-26 18:50:32	127.0.0.1	编辑权限管理 cloudybb
□ 295	admin	2011-09-26 18:45:15	127.0.0.1	编辑广告 ad1
□ 294	admin	2010-06-24 16:12:45	127.0.0.1	添加商品 Flash光盘-CD11
□ 293	admin	2010-06-24 16:10:46	127.0.0.1	添加商品 Flash光盘-CD10
□ 292	admin	2010-06-24 16:09:07	127.0.0.1	添加商品 Flash光盘-CD9
□ 291	admin	2010-06-24 16:06:46	127.0.0.1	添加商品 Flash光盘-CD8
□ 290	admin	2010-06-24 16:05:01	127.0.0.1	编辑商品 Flash光盘-CD6
□ 289	admin	2010-06-24 16:04:48	127.0.0.1	编辑商品 Flash光盘-CD6
□ 288	admin	2010-06-24 16:03:50	127.0.0.1	添加商品 Flash光盘-CD6
□ 287	admin	2010-06-24 16:03:13	127.0.0.1	添加商品 Flash光盘-CD5
□ 286	admin	2010-06-24 15:58:36	127.0.0.1	编辑商品 Flash光盘-CD4

总共 300 个记录分为 20 页当前第 1 页，每页 15　　第一页 上一页 下一页 最末页　1　▼

说明

1. 编号：系统自动生成的递增的号码，每条操作记录各显示一个编号。

2. 操作者：每个用户均有一个系统账号，显示用户的账号。

3. 操作日期：指操作的详细日期和时间。

4. IP地址：指用户的IP地址。图中的127. 0. 0. 1指本机测试IP。

5. 操作记录：指操作者操作的记录日志，如编辑广告、删除广告、添加广告等。

3.11 系统信息

系统信息的概念

本节所介绍的系统信息是指服务器计算机系统和相关软件版本的信息。

探针可以用来探测服务器空间、服务器运行状况和PHP相关版本的信息，探针还可以实时查看服务器硬盘空间、流量、内存占用、服务器运作时间等信息。

适合范围

系统信息适合电商系统，CMS，OA系统，社交系统，博客系统，金融系统（银行、基金、证券），ERP进销存系统，CRM系统，协同管理系统，新闻系统，项目管理系统，Bug跟踪系统等。

目的

企业的目的：网站程序的升级、备份和还原维护。例如，程序在某个Apache和MySQL版本运作得很好，但是把程序迁移到另一台服务器后，由于Apache和MySQL版本不同，导致程序无法打开或出现各种错误。

实例

能够获取的系统信息如下表所示（示例服务器，以实际情况为准）。

名称	示例
服务器操作系统	Windows
安全模式	否
Socket支持	是

名称	示例
GD版本	GD2（JPEG、GIF、PNG）
IP库版本	
软件版本号	V1.0
编码	UTF-8
Web服务器	Apache/2.4.23 （Win64） PHP/5.6.25
MySQL版本	5.7.14
安全模式GID	否
时区设置	UTC
Zlib支持	是
文件上传的最大大小	2MB
安装日期	2018-03-16

说明

1. 服务器操作系统：指该服务器安装的操作系统。
2. 运营人员需要知道系统能够获取的系统信息。

3.12　网络流量

网络流量的概念

网络流量指的是通过网络发送和接收的数据量。

适合范围

网络流量适合电商系统，CMS，OA系统，社交系统，博客系统，金融系统（银行、基金、证券），ERP进销存系统，CRM系统，协同管理系统，新闻系统，项目管理系统，Bug跟踪系统等。

目的

企业的目的：企业可以按照网络流量拓展服务器、相关软硬件以及改造服务器和程序的架构。例如，网络流量越来越大，数据越来越多，使得用户访问网站页面的速度越来越慢，就需要改造。

实例

下图展示了MySQL服务器的相关记录。

自启动以来的网络流量: 38.8 MB

此 MySQL 服务器已运行 7 天 21 小时，30 分 4 秒。启动时间为 2018-03-15 07:21:59。

流量 ⓘ	#	⌀ 每小时		连接	#	⌀ 每小时	%
已接收	2 MB	10.6 KB		最大并发连接数	5	—	—
已发送	36.9 MB	199.2 KB		已失败	105	0.55	5.78%
总计	38.8 MB	209.8 KB		已取消	0	0	0%
				总计	1,818	9,593.61 m	100.00%

说明

1. 查询服务器自启动以来的网络流量、数据库服务器运行的时间、启动时间。

2. 流量：查询已接收、已发送、合计的流量。

3. 连接：查询最大并发连接数、已失败、已取消、总计的连接量。

4. 如果流量过大，并发连接数过大，那么架构师需要重构、增加服务器等。

3.13　禁止IP访问

禁止IP访问的概念

禁止IP访问指的是管理员把某个IP加入黑名单后，该IP的用户无法进入此网站系统。

适合范围

禁止IP访问适合电商系统，CMS，OA系统，社交系统，博客系统，金融系统（银行、基金、证券），ERP进销存系统，CRM系统，协同管理系统，新闻系统，项目管理系统，Bug跟踪系统等。

目的

企业的目的：防范用户影响网站正常的运营工作。

例如，某个IP的用户每天进入网站系统都是为了打广告。管理员发现此用户多次打广告，影响网站正常运营，就可以禁止该用户的IP访问。

前台和后台的关系说明

（1）后台页面：管理员设置禁止IP和相关内容。

（2）数据库：系统更新数据库内容。

（3）前台页面：已禁IP用户无法访问网站。其他IP用户可以正常访问网站。

下图展示了前台和后台的关系。

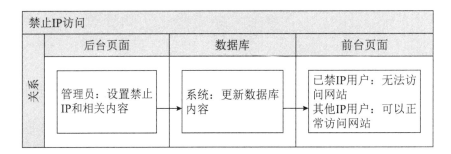

实例

后台页面如下图所示。

说明

1. 输入IP地址和有效期后，该IP地址在有效期内不可以进入网站系统。

2. 使用场合：常被某IP攻击时，可以禁止用户。

3. 地理位置：根据IP地址自动显示地理位置，如广东江门。

4. 操作者：设置此权限的操作者。

5. 起始时间和终止时间：指此设置的有效期。如IP地址不在有效期的范围，该IP地址可以登录网站系统。

3.14 文件校验

文件校验的概念

文件校验指的是程序文件按照文件大小、文件修改时间、原有文件的校验。

适合范围

文件校验适合电商系统，CMS，OA系统，社交系统，博客系统，金融系统（银行、基金、证券），ERP进销存系统，CRM系统，协同管理系统，新闻系统，项目管理系统，Bug跟踪系统等。

目的

企业的目的：及时发现程序文件的变化，企业能更加安全地运营网站系统。例如，服务器上网站程序突然多了一个程序文件，经工程师确认，该文件可能会导致用户数据被盗。由于及时发现问题，工程师可以在企业未出现重大问题时处理好。

实例

后台页面如下图所示。

说明

1. 对于状态为被修改、被删除中列出的文件，管理员需检查文件是否完整和正确，确保网站运营正常。

2. 对于状态为未知的文件，管理员需检查网站是否被人非法放入了其他文件或修改了代码。

3. 文件校验是防范内部风险和防范黑客入侵程序的一种方法。

3.15 电商系统发送手机短信

电商系统发送手机短信的概念

电商系统发送手机短信指的是用户下订单时、付款时、发货时等场合，系统自动发送手机短信给商家和用户。

适合范围

电商系统发送手机短信适合电商系统，CMS，OA系统，社交系统，博客系统，金融系统（银行、基金、证券），ERP进销存系统，CRM系统，协同管理系统，新闻系统，项目管理系统，Bug跟踪系统等。

目的

企业的目的：提升电商系统的用户体验，让商家和用户可以在第一时间知道自己订单的状态。

前台和后台的关系说明

（1）后台页面：管理员设置商家和用户接收短信的场合。

（2）数据库：系统更新数据库内容。

（3）手机：商家和用户在管理员开启接收短信的场合，可以接收到手机短信。

下图展示了前台和后台的关系。

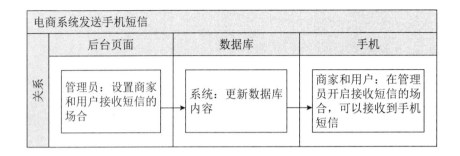

实例

后台页面如下图所示。

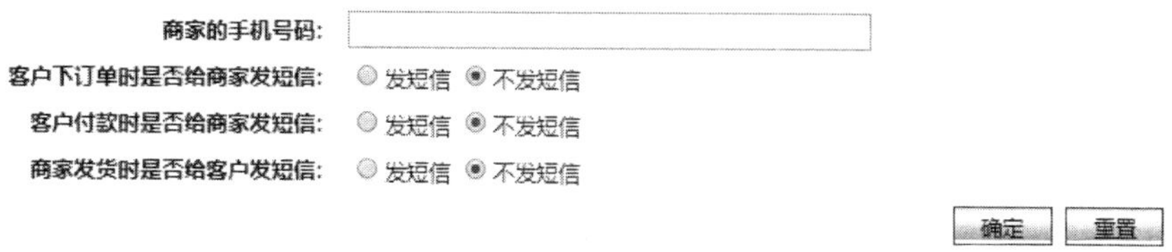

商家的手机号码：

客户下订单时是否给商家发短信：　○ 发短信 ● 不发短信

客户付款时是否给商家发短信：　○ 发短信 ● 不发短信

商家发货时是否给客户发短信：　○ 发短信 ● 不发短信

确定　重置

说明

电商系统发送手机短信的场合通常有客户下订单时、客户付款时、商家发货时。

客户下订单时的前台页面如下图所示。

当前位置：首页 > 购物流程

商品列表　　　　　　　　　　　　　　　　　　　　　　　　　　　　修改

商品名称	商品属性	市场价	本店价	购买数量	小计
Flash光盘-CD10		￥9.00元	￥9.00元	1	￥9.00元

购物金额小计￥9.00元，比市场价￥9.00元 节省了￥0.00元 (0%)

收货人信息　　　　　　　　　　　　　　　　　　　　　　　　　　　修改

收货人姓名：　abc　　　　　　电子邮件地址：　cloud██b@g████.com

详细地址：　abc　　　　　　　邮政编码：　515000

电话：　130██████3　　　　　手机：　136██████33

标志建筑：　abc　　　　　　　最佳送货时间：

其他信息

订单附言：

缺货处理：　● 等待所有商品备齐后再发　○ 取消订单　○ 与店主协商

费用总计

商品总价：￥9.00元 + 配送费用：￥15.00元

应付款金额：￥24.00元

提交订单

说明

给商家发短信的内容："您有新的订单，｛username｝｛电话号码｝购买了商品｛商品名称｝*｛数量｝，应付款金额￥｛金额｝元，请确认订单。"

短信中的内容｛username｝｛电话号码｝｛商品名称｝｛数量｝｛金额｝为调用数据库的内容，每个订单的这些内容都是不一致的。

客户付款时的前台页面如下所示。

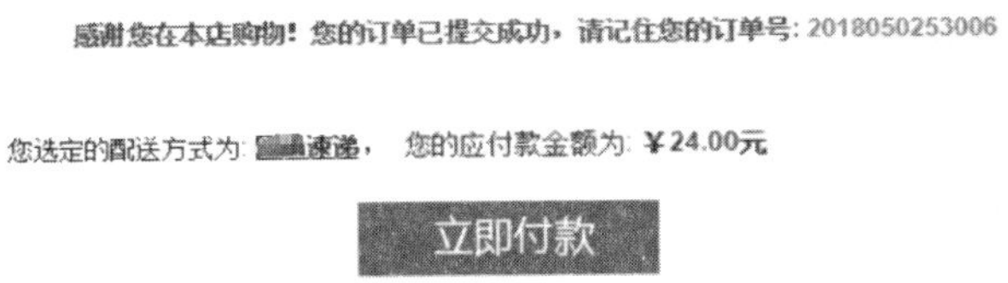

感谢您在本店购物！您的订单已提交成功，请记住您的订单号：2018050253006

您选定的配送方式为：██速递，　您的应付款金额为：￥24.00元

立即付款

说明

给商家发短信的内容："｜username｜的订单已成功付款，订单号为｜订单号｜，应付款金额为￥｜金额｜元，请准备发货。"

短信中的内容｜username｜和{订单号}、｜金额｜为调用数据库的内容。

商家发货时的前台页面如下图所示。

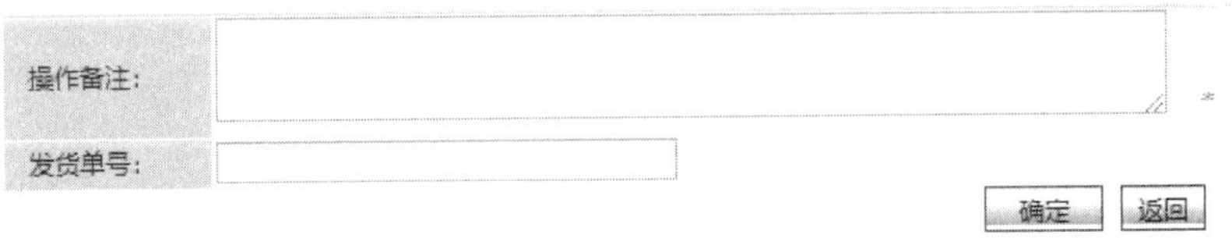

操作备注：

发货单号：

确定　返回

说明

给客户发短信的内容："｜username｜的商品已经寄出：××快递 ｜发货单号｜。商家不会以任务理由让您转账付款，如有疑问可联系客服核实。[退订回复N]。"

短信中的内容｜username｜和{发货单号}为调用数据库的内容。

3.16　注册时的网站服务条款

注册时的网站服务条款的概念

注册时的网站服务条款指的是用户注册时，需要查阅网站服务条款的内容，勾选同意网站服务条款后，用户才可以注册成功。

适合范围

注册时的网站服务条款适合电商系统，CMS，OA系统，社交系统，博客系统，金融系统（银行、基金、证券），ERP进销存系统，CRM系统，协同管理系统，新闻系统，项目管理系统，Bug跟踪系统等。

目的

企业的目的：让用户了解网站的服务条款，按照规定使用网站平台相关功能。

前台和后台的关系说明

（1）后台页面：管理员设置网站服务条款的内容（按照互联网相关的规定，默认必须为不勾选状态）。

（2）数据库：系统更新数据库内容。

（3）前台页面：用户按照管理员设置的服务条款，选择是否勾选和阅读。

下图展示了前台和后台的关系。

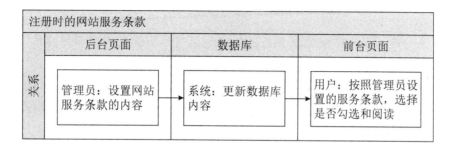

实例

注册时没有网站服务条款的前台页面如下图所示。

*用户名:	
*密码:	
*确认密码:	
*E-mail:	

提交

说明

用户注册时，不显示网站服务条款，则说明管理员后台设置"显示网站服务条款"为"否"。

注册时默认不显示网站服务条款的前台页面如下图所示。

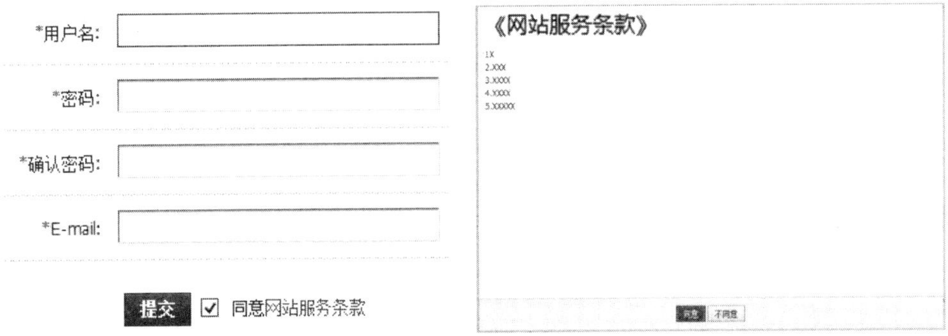

说明

1. 用户注册时，显示"网站服务条款"，则说明后台设置"显示网站服务条款"为"是"。

2. 单击"网站服务条款"按钮时，显示详细的网站服务条款内容。

3. 站在法律的角度，"同意网站服务条款"需默认为不勾选，由用户自己勾选。

4. 后台"是否强制显示网站服务条款"为"否"的情况。

注册时默认显示网站服务条款的前台页面如下图所示。

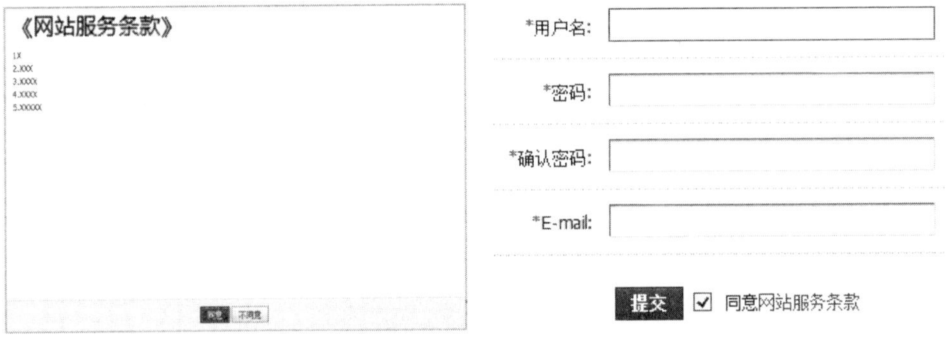

说明

1. 用户注册时，先弹出网站服务条款，让用户查阅网站服务条款。

2. 单击"同意"按钮后，用户才可以填写注册的内容。

3. 后台"是否强制显示网站服务条款"为"是"的情况。

后台页面如下图所示。

显示网站服务条款:

⦿ 是　○ 否　　　　　　　　　　　　　　新用户注册时显示网站服务条款

是否强制显示网站服务条款:

○ 是　⦿ 否　　　　　　　　　　　　　　选择是则在用户注册时，首先将看到网站服务条款全文，必须同意才可以继续注册

服务条款内容:

```
1X
2.XXX
3.XXXX
4.XXXX
5.XXXXX
```
网站服务条款的详细内容
双击输入框可扩大/缩小

提交

说明

1. 显示网站服务条款：控制用户注册时前台页面是否显示网站服务条款。

2. 是否强制显示网站服务条款：控制填写注册内容和网站服务条款的先后次序。

3. 服务条款内容：管理员可以自行在后台填写。

第 4 章
商业模块

网站运营的商业模块通常有广告设置、短信配置、短信群发、内容SEO、积分等功能。

这些功能能帮助企业从事营利性活动，促进用户购买，获得利润。大多数的商业活动是以企业成本以上的价格卖出商品或服务，从而获得利润。

广告可以使用户进入网站马上了解到广告商品信息，从而购买商品，企业获得差价利润。

广告位可以帮助其他企业进行推广，从而获取广告费用。

短信配置和短信群发功能可以帮助网站平台推广，用户可从手机短信获得商品的信息，从而进入网站购买，企业获得利润。在客户生日时，发送祝贺短信，也可以提升销量。

内容SEO可以使搜索引擎收录企业的网站的页面，用户从搜索引擎搜索到企业的网站，可以帮助网站增加流量，同时也可能增加用户购买商品，获得利润。

4.1 广告

广告的概念

广告（Banner）指在网站页面采用图片的方式向用户告知某事物。例如，告知用户新品上架的商品、告知用户促销降价的商品、告知用户热门销售的商品等。用户单击广告后，页面即跳转至与广告相关的页面，用户可查看到已单击的广告详细内容。

适合范围

广告适合电商系统，CMS，OA系统，社交系统，博客系统，金融系统（银行、基金、证券），ERP进销存系统，CRM系统，协同管理系统，新闻系统，项目管理系统，Bug跟踪系统等。

目的

企业的目的：用户可以快速获取网站的内容，促进用户关注、了解、消费等。

前台和后台的关系说明

（1）后台页面：管理员设置网站轮播广告的图片内容。

（2）数据库：系统更新数据库内容。

（3）前台页面：用户查看轮播广告的内容。

下图展示了前台和后台的关系。

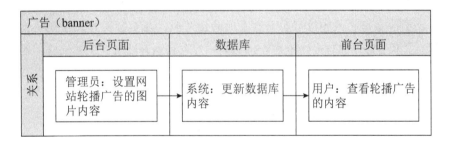

实例

前台页面如下图所示。

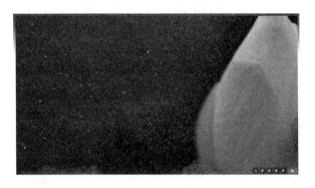

说明

1. 网站首页的广告横幅图片是用户能看到的广告横幅图片。

2. 从图片的右下角可见有6张横幅广告图片，当前显示第6张横幅广告图片。

后台页面如下图所示。

轮播图片地址	轮播图片链接	图片说明	操作
http://localhost.81/shop/data/afficheimg/20090604xbhvlc.jpg	http://	鼠标经过显示的文字1	✎ ✕
http://localhost.81/shop/data/afficheimg/20090604xtpzhd.jpg	http://	鼠标经过显示的文字2	✎ ✕
http://localhost.81/shop/data/afficheimg/20090604tekqwa.jpg	http://		✎ ✕
http://localhost.81/shop/data/afficheimg/20090528kpbrxl.jpg	http://www.ry██.com	abc	✎ ✕
http://localhost.81/shop/data/afficheimg/20090525nxkbme.jpg	http://ry██.com/bbs		✎ ✕
http://localhost.81/shop/data/afficheimg/20090525auetxy.jpg	http://www.ry██.com		✎ ✕

说明

1. 轮播图片地址：指显示在前台页面的图片地址。

2. 轮播图片链接：指单击图片后，在新的标签页打开链接网站。

3. 图片说明：指用户鼠标停留在前台页面的图片时，显示的图片文字说明。

4. 操作：管理员可以编辑和删除广告，编辑内容包括图片地址、图片链接、图片说明。

编辑功能的界面如下图所示。

可见管理员发布广告后，管理员还可以修改广告的图片地址、图片链接、图片说明。

4.2 广告位置设置

广告位置设置的概念

广告位置设置指的是管理员可以通过后台管理将广告的位置放在网站的某个地方。如页尾通栏广告、右下角广告、对联广告等。

适合范围

广告位置设置适合电商系统，CMS，OA系统，社交系统，博客系统，金融系统（银行、基金、证券），ERP进销存系统，CRM系统，协同管理系统，新闻系统，项目管理系统，Bug跟踪系统等。

目的

企业的目的：用户可以快速获取网站的内容，促进用户关注、了解、消费等。

前台和后台的关系说明

（1）后台页面：管理员设置网站广告位置和广告内容。

（2）数据库：系统更新数据库内容。

（3）前台页面：用户在管理员指定的位置查看到广告内容。

下图展示了前台和后台的关系。

广告位置设置			
	后台页面	数据库	前台页面
关系	管理员：设置网站广告位置和广告内容	系统：更新数据库内容	用户：在管理员指定的位置查看到广告内容

实例

后台页面如下图所示。

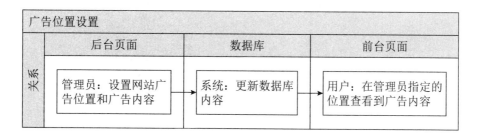

说明

管理员选择要发布广告的位置。例如，选择第一个全局页尾通栏广告，如下图所示。

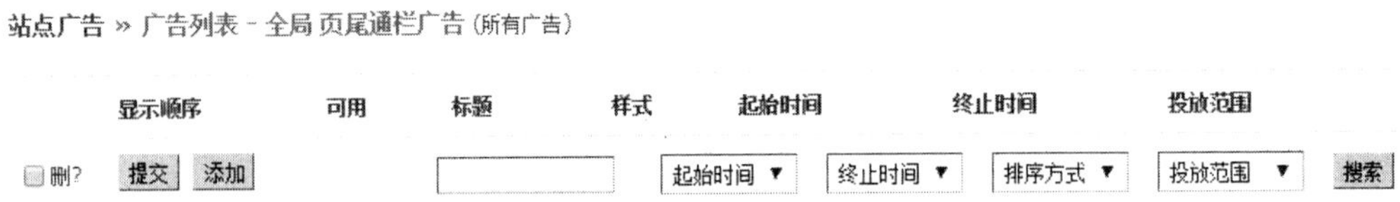

站点广告 » 广告列表 - 全局 页尾通栏广告 (所有广告)

	显示顺序	可用	标题	样式	起始时间	终止时间	投放范围
□删?	提交 添加				起始时间 ▼	终止时间 ▼	排序方式 ▼	投放范围 ▼	搜索

说明

单击"全局页尾通栏广告"的广告位置后,管理员可以添加广告,如下图所示。

添加广告 - 全局 页尾通栏广告

广告标题(必填):

    注册登录的底部广告   注意:广告标题只为识别辨认不同广告条目之用,并不在广告中显示

广告投放范围(必选):

□ 门户   □ 空间   ☑ 注册/登录   □ 论坛   □ 群组

展现方式:

○ 代码   请选择所需的广告展现方式
○ 文字
◉ 图片
○ Flash

图片广告

图片地址(必填):

    选择文件 123.jpg   请输入图片广告的图片调用地址

上传文件 输入 URL

图片链接(必填):

    http://www.rysos.com   请输入图片广告指向的 URL 链接地址

图片替换文字(选填):

    广告A   请输入图片广告的鼠标悬停文字信息

说明

输入广告标题、选择投放范围、选择展现方式、上传图片文件、输入图片链接地址和图片替换文字,即可发布广告。

前台页面如下图所示。

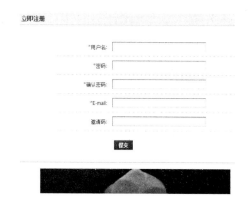

说明

　　广告发布成功后，在前台注册页面底部可见已经显示广告位。

4.3　短信配置

短信配置的概念

　　短信配置指的是企业与第三方短信企业合作，由第三方企业提供程序接口和账号、密码，企业即可利用接口接通自己的程序，使之可以发送手机短信内容给用户。

适合范围

　　短信配置适合电商系统，CMS，OA系统，社交系统，博客系统，金融系统（银行、基金、证券），ERP进销存系统，CRM系统，协同管理系统，新闻系统，项目管理系统，Bug跟踪系统等。

目的

　　企业的目的：系统可以自动发送手机短信内容给用户。

前台和后台的关系说明

　　（1）后台页面：管理员录入第三方短信企业提供的账号和密码的内容。

　　（2）数据库：系统更新数据库内容。

　　（3）后台页面：管理员可以手动或系统自动发送手机短信给用户。

下图展示了前台和后台的关系。

短信配置			
关系	后台页面	数据库	后台页面
	管理员：录入第三方短信企业提供的账号和密码的内容	系统：更新数据库内容	管理员：可以手动或系统发送手机短信给用户

实例

后台页面短信接口如下图所示。

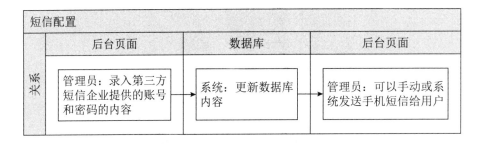

短信配置

1、基本信息

短信用户	root
短信密码	●●●●●●●
点发频率	0
发送次数	0

保存

说明

只要短信接口保持畅通，管理员在后台输入用户名和密码，即可发送短信。管理员还可以限制点发频率和发送次数。

4.4 短信群发

短信群发的概念

短信群发指的是短信配置完成后，管理员可以使用后台管理页面将一条短信内容发送到多名用户的手机。

适合范围

短信群发适合电商系统，CMS，OA系统，社交系统，博客系统，金融系统（银行、基金、证券），ERP进销存系统，CRM系统，协同管理系统，新闻系统，项目管理系统，Bug跟踪系统等。

目的

企业的目的：节省员工的时间成本，快速地将一条短信发送给多名用户的手机。

例如，手动发送一条短信给一个用户需要6秒，理想状态下手动发送给1000个不同用户就需要6000秒。而使用短信群发功能发送给1000个不同用户，只需发送一条短信的时间6秒即可。

用户手机和后台的关系说明

（1）后台页面：管理员录入用户接收短信的手机号码和短信内容，并发送。

（2）数据库：系统更新数据库内容。

（3）用户手机：用户查看到手机已接收到的管理员发送的短信内容。

下图展示了前台和后台的关系。

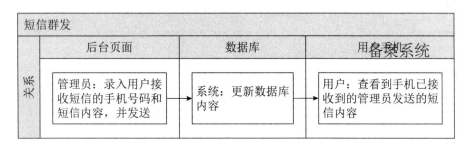

实例

后台群发页面如下图所示。

短信群发

说明

1. 输入一个或多个手机号码和短信内容，即可群发短信给用户。

2. 由于手机一条短信的长度为70个字，超过70字即需要拆分开两条短信发送给用户，字符可见"当前×字符，拆分为×条短信"，管理员就可以知道字数是否超过70个字。

4.5 内容SEO

内容SEO的概念

内容SEO指的是根据搜索引擎收录的规则，网站将title、keywords、description的内容利用起来，使搜索引擎系统可以搜索到目标网站的内容。

适合范围

内容SEO适合电商系统，CMS，OA系统，社交系统，博客系统，金融系统（银行、基金、证券），ERP进销存系统，CRM系统，协同管理系统，新闻系统，项目管理系统，Bug跟踪系统等。

目的

企业的目的：促进搜索引擎收录网站，提高用户量和网站的知名度。

前台和后台的关系说明

（1）后台页面：管理员设置各种页面的title、keywords、description的值。

（2）数据库：系统更新数据库内容。

（3）前台页面：用户在浏览器的标题栏和HTML代码里查看到title、keywords、description的值。

下图展示了前台和后台的关系。

内容SEO			
关系	后台页面	数据库	前台页面
	管理员：设置各种页面的title、keywords、description的值	系统：更新数据库内容	用户：在浏览器的标题栏和HTML代码里查看到title、keywords、description的值

实例

后台页面如下图所示。

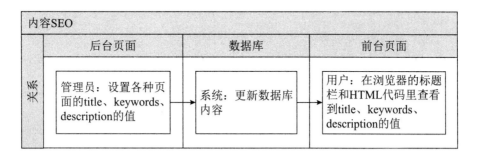

说明

title、keywords、description为搜索引擎提供参考，搜索引擎收录得越多，用户就会越容易看到网站，从而转化为网站用户和提升销量。

前台页面如下图所示。

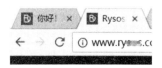

说明

title即标题，显示在浏览器的网站标题栏上。例如"你好！"。

```
5 <title>你好！</title>
6
7 <meta name="keywords" content="你好很好！" />
8 <meta name="description" content="你好非常好！" />
```

说明

keywords、description存在前台代码里，一般不显示在界面上，为搜索引擎提供参考。

4.6 积分功能模块

积分功能模块的概念

积分功能模块指的是管理员设置用户如何获得积分规则，如何兑换商品，用户消费后的记录查询的功能。

适合范围

积分功能模块适合电商系统，CMS，OA系统，社交系统，博客系统，金融系统（银行、基金、证券），ERP进销存系统，CRM系统，协同管理系统，新闻系统，项目管理系统，Bug跟踪系统等。

目的

企业的目的：促使用户经常使用网站平台，促进用户消费，加速商品流通。

例如，企业一件商品的库存比较大，卖不出去，采用半买半送的方法促进消费。用户原价购买商品，系统赠送用户1000积分，用户使用1000积分又可以换购一件同样的商品。

最后企业将库存卖出去和送出去了，就有资金可以做新的货物。

前台和后台的关系说明

（1）后台页面：管理员可以设置积分的获取规则；查询所有用户获得积分的内容；设置积分可换取的商品；查询所有用户兑换商品的内容。

（2）数据库：系统更新数据库内容。

（3）前台页面：用户可以按管理员规则获得积分；查询自己获得积分的内容；查询自己的兑换记录；查询系统的可兑换的商品。

下图展示了前台和后台的关系。

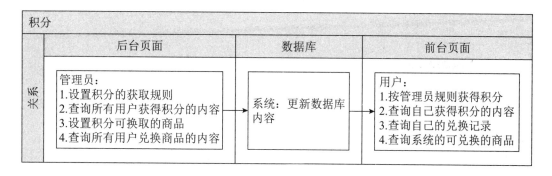

实例

用户登录页面时的前台页面如下图所示。

说明

用户通过登录可以获取积分。

"我的积分"页面中可以查看积分余额，如下图所示。

(1) **1**

说明

用户查询自己的积分余额和积分详情。

兑换记录页面如下图所示。

兑换记录

分类：我的积分　**兑换记录**

当前的账户积分是：**3**

兑换时间	详情	状态

(0) **1**

说明

用户查询自己兑换的记录。

兑换商品的页面如下图所示。

面包一个
积分：3
立即兑换

说明

用户兑换商品的页面，如有多个积分商品就显示多个。

设置积分规则的后台页面如下图所示。

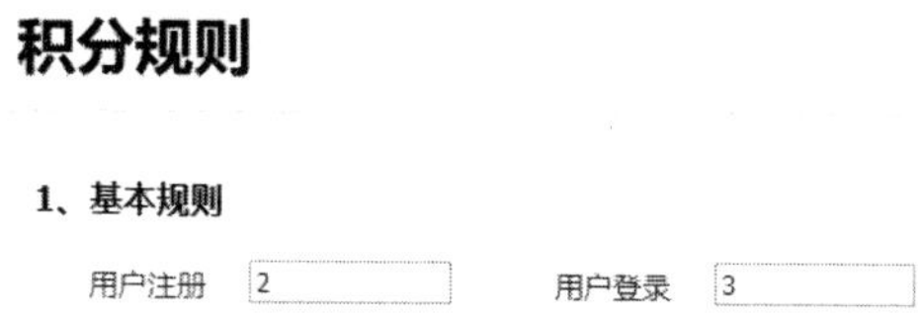

积分规则

1、基本规则

用户注册 [2]   用户登录 [3]

> 说明

设置用户注册能获2个积分，用户登录能获3个积分。

积分记录的后台页面如下图所示。

积分记录

用户：[   ] [所有操作 ▼] [筛选]

ID	Email/用户名	姓名/城市	积分	详情	操作
1	18▓▓94▓▓.com 1▓▓94	---- 深圳市	3	每日登录	操作

(1) **1**

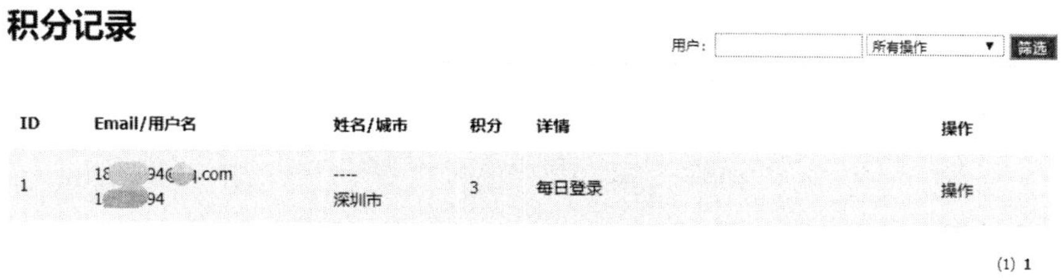

> 说明

当用户登录后，即可获得设置的3个积分，并保存积分记录。

商品兑换的后台页面如下图所示。

商品兑换

新建兑换商品 兑换记录

ID	名称	兑换积分	限兑	数量	排序	显示	操作
1	面包一个	1	1	0/10	1	Y	禁用 | 编辑 | 删除

(0) **1**

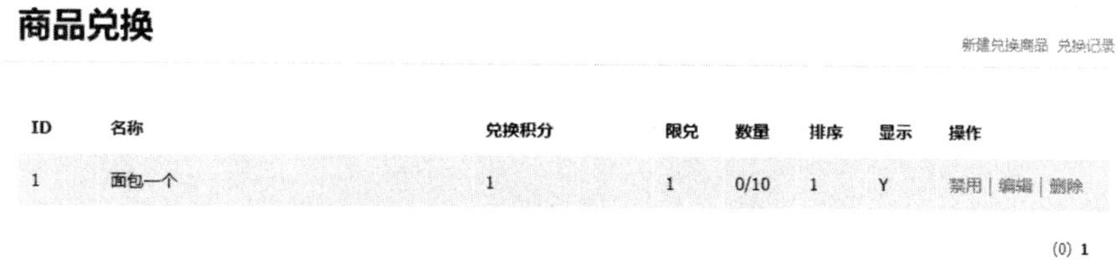

> 说明

管理员查看可兑换的商品。

兑换记录页面如下图所示。

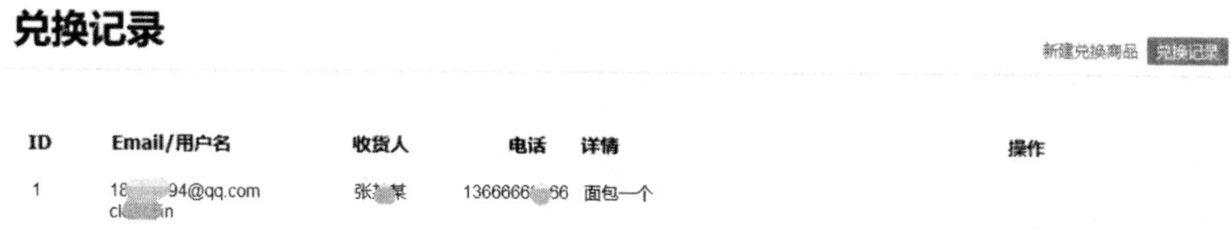

兑换记录

新建兑换商品 兑换记录

ID	Email/用户名	收货人	电话	详情	操作
1	18▓▓94@qq.com cl▓▓in	张▓某	1366666▓66	面包一个	

说明

管理员查询所有用户兑换的记录，通常内容包括ID、E-mail/用户名、收货人、电话、详情、操作。

新建积分兑换商品的后台页面如下图所示。

说明

新建积分兑换商品：通常内容包括商品标题、兑换积分、商品数量、每人限兑、商品图片、排序（降序）、是否展示。

数据分析指的是使用适当的统计分析方法对程序系统收集起来的大量数据进行分析，提取有用信息和形成图形图像，最后对数据的信息和图形图像进行详细研究分析和概括总结的过程，最终帮助企业管理者做出正确的判断，提高企业成功概率。

在20世纪早期数据分析的数学基础就已经确立，但是数据分析实际操作是不可能的。直到21世纪各行各业的人都在使用计算机工作，使得数据分析实际操作成为可能，帮助企业发展。数据分析是数学与计算机科学相结合的产物。

案例一

曾经有个商人想做一个很赚钱的企业，于是调研各个行业。商人不看企业的财务报表，不看企业的人员架构，不看企业的加班度，而是看企业停车场的豪车。

商人发现某个大厦停车场价值1000万元以上的汽车有5%，价值100万～1000万元的汽车有50%，价值50万～100万元的汽车有40%，价值1万～50万元的汽车有5%。于是根据数据，再调查整个大厦都有什么企业，调研数据如下表所示。于是商人决定投资石油业和珠宝业，最后成功赚了很多钱。

行业	汽车价值/万元	占比/%
石油业、珠宝业	1000	5
石油业、珠宝业	100～1000	50
珠宝业	50～100	40
珠宝业、广告业	1～50	5

案例二

很多企业的数据分析仅仅分析表面的数据，如果不过滤掉一些没有用的数据，根本无法发挥数据分析的作用。

例如，一个电商企业有3个商品，第1个商品卖了90个，第2个商品卖了7个，第3个商品卖了3个。于是根据这样的数据分析，运营人员决定把第1个商品再采购1000个。但是采购第1个商品1000个后，后续没有卖出多少。

为什么呢？可能由于该商品已经饱和了，可能已经没优惠了，可能由于售后口碑不好，可能由于影响健康问题，可能由于数据不准确等。这说明数据分析需要通过加工、整理和分析。

总结

不同的场合，使用不同的数据分析方法，都需要将收集的数据通过加工、整理和分析，使其转化为可用信息。常见的转化方式有人为转化或系统自动转化。

人为转化指的是人使用软件工具，将获得的数据进行分析。这种方式效率较慢，数据多容易出错。

系统自动转化指的是人给出算法和逻辑，让系统自动分析数据库里的数据，最终将有用的数据形成图形图像和建议。这种方式效率较快，数据越多需要较长的运算时间，其效率取决于计算机的运算速度。

在统计学领域中，数据分析可以划分为描述性统计分析、探索性数据分析以及验证性数据分析。

描述性统计分析指在数据之中发现新的特征，将数据运用制表和分类、图形以及计算概括性数据来描述数据特征的各项活动。

探索性数据分析指为了形成值得假设的检验而对数据进行分析的一种方法。

验证性数据分析指已有假设的证实或证伪，人为验证实际操作能力。

5.1　电商系统数据表

电商系统数据表的概念

电商系统数据表指的是电商网站平台通过平台运营，自动生成系统数据表，实时显现在后台管理页面。让企业管理者可见电商系统平台的运营数据。电商系统数据包括总会员数、总访问数、总订单数、总金额、成交数、订单数、今日注册、今日登录、今日订单、未处理订单、七日新增、七日活跃等数据内容。

适合范围

电商系统数据适合电商系统，CMS，OA系统，社交系统，博客系统，金融系统（银行、基金、证券），ERP进销存系统，CRM系统，协同管理系统，新闻系统，项目管理系统，Bug跟踪系统等。

目的

企业的目的：便于电商系统的运营，有利于企业对商品进货、销售、存货的管理；减少库存的压力，使资金流动。

前台和后台的关系说明

（1）前台页面：用户使用电商系统网站。
（2）数据库：系统更新数据库内容。
（3）后台页面：程序自动生成数据表。管理员查看数据表。
下图展示了前台和后台的关系。

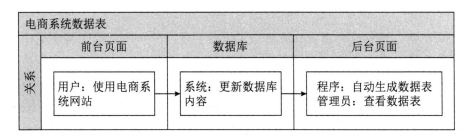

实例

电商系统数据表如下图所示。

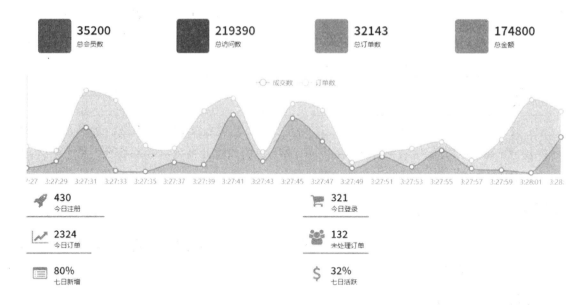

说明

1. 从一个会员进入系统到完成购物商品，可以了解的数据包括总会员数、总访问数、总订单数、总金额、每个时间段的成交数和订单数、今日注册、今日登录、今日订单、未处理订单、七日新增、七日活跃等数据。

2. 运营与管理人员通过数据分析，可以安排人员采购、发货、更换新的服务器、轮流值班等。

3. 生成背景：互联网电商企业的运作，依赖电商系统。以往的电商系统没有这么完善，而且很简单，用户购买了什么商品，后台管理员查看到用户购买了什么商品，然后发货给用户，那么这交易就完成了。当运营管理人员需要知道这个月的销售量、注册量、订单量等数据，就要每个月由部门的负责人手动统计数据，这样就会导致企业运营效率低下。于是互联网电商企业为了促使电商的数据统计，完善了电商系统后台数据统计模块，用于统计整个电商交易的数据。这样能够实时统计，无须人员线下手动统计，既省时间又省人力，同时还可以准确计算数据。这些数据能够帮助电商平台运营得更好，确立更好的战术。

4. 生成方法和计算方法问答如下。

问：总会员数是如何生成的呢？

答：总会员数是递增的。例如目前有会员数35 200个，当新用户注册成功后，那么这个新注册的会员就是第35 201个。

注册页面示例如下图所示。注册成功就递增1个总会员数。

问：总访问数是如何生成的呢？

答：访问数是递增的。

（1）当输入www.rysos .com后，计1个访问数，访问数递增。

（2）不同时间一直访问www.rysos.com，一天中一直没有退出过浏览器，也只算一个访问数。

（3）当输入www.rysos.com后，关闭了浏览器，再输入www.rysos.com。访问数为2次。因为首次进来算第1次，关闭浏览器重新进来算第2次，所以访问数为2次。

（4）不管用户是会员或非会员，都计算在总访问数里。例如，会员访问2次，非会员访问10次，那么总访问数就为12次。

问：总订单数是如何生成的呢？

答：我们都试过网上购物。购物时，通常用户的操作是先挑选要买的商品加入购物车，再提交订单，然后付款，最后收货。提交订单后，总订单数就递增1。

例如，

（1）当用户提交订单后，还没有付款，总订单数就增加1。

（2）当用户提交订单后，已经付款，总订单数就增加1。

（3）当用户提交订单后，总订单数就增加1。但是用户没有付款，后续不想买了取消了订单，那么总订单数就减少1。相当于总订单数没有增加和减少。

问：总金额是如何生成的呢？

答：每个用户支付订单时，可见订单总额=商品总金额+快递费+包装费。当用户支付订单总额后，这个用户的订单总额计入后台的总金额。后台的总金额=所有用户已支付订单总额。

例如，用户A订单总额为170 000元，用户B订单总额为4800元，都已经支付成功了，那么后台的总金额为174 800元。

问：成交数和订单数有什么不同呢？

答：通常订单数≥成交数。因为购物时，通常用户的操作是先挑选要买的商品加入购物车，再提交订单，然后付款，最后收货。

（1）用户提交了订单，订单数就增加1。用户付款后，成交数就增加1。

（2）订单数=成交数：订单数为10，这10单的用户都已经付款了，那么成交数就为10。

（3）订单数>成交数：订单数为10，这10单中有8个用户付款了，2个用户未付款，那么成交数就为8。

问：今日注册是如何生成的呢？

答：统计今日注册的用户数量。例如，今天是2018年10月1日，今天只要是在00:00至24:00注册的都属于2018年10月1日的注册用户量。

问：今日登录是如何生成的呢？

答：统计今日登录的用户数量。例如，今天是2018年10月1日，今天只要是在00:00至24:00登录的都属于2018年10月1日的登录用户量。

问：今日订单是如何生成的呢？

答：统计今日订单的数量。例如，今天是2018年10月1日，今天只要是在00:00至24:00用户提交的订单，都计入今日订单数量。

问：今天的未处理订单是如何生成的呢？

答：今日订单中未发货的都属于未处理订单。在系统中，后台管理员一般输入正确的快递公司和快递号的为已处理的订单。例如，今天用户的订单为2324张，管理员已经录入系统并发货订单为2192张，那么未处理订单为132张。

问：七日新增是如何生成的呢？

答：上周的注册用户是20人，本周的注册用户是36人，本周比上周来说就新增了80%。

公式：（36-20）/20×100%=80%。

问：七日活跃是如何生成的呢？

答：注册用户有100个，最近七日只有32个注册用户登录和浏览网站，那么七日活跃为32%。

公式：32/100×100%=32%。

备注：每套系统的生成方法的逻辑都是不一样的，通常由运营人员或产品经理给出计算方法。开发人员需了解逻辑，懂得数据从何来、怎么计算和使用、怎么统计就可以规划实现出此电商系统数据表统计模块。

5. 图表中信息的意义如下。

电商数据表对企业分析和运营是有很大帮助的。数据不可能有假的，只有人造假数据。

依据真实的数据，管理层可以更快地做出明智的战略决策；推广人员能够知道推广前和推广后引来的用户量，能增加真实销量的渠道就多使用；采购人员能够了解到哪些畅销商品需求大，那么就再采购些货；运维人员能够知道目前服务器是否能够负载当前用户浏览量，随时变更服务器架构和优化数据库程序。

随着数据表的变化，电商企业的各类人员需要不断改进工作方法，这样才能保持为企业创造价值。

因此，不论是电商企业什么岗位的人员，都可以利用运营的数据，把工作做得更好。

5.2　用户使用的浏览器分析

用户使用的浏览器分析的概念

用户使用的浏览器分析指的是用户打开某款浏览器，输入网站地址后，该网站后台管理页面可以获取到用户使用哪款浏览器。网站可以通过用户使用的浏览器数据，进行分析。

适合范围

用户使用的浏览器分析适合电商系统，CMS，OA系统，社交系统，博客系统，金融系统（银行、基金、证券），ERP进销存系统，CRM系统，协同管理系统，新闻系统，项目管理系统，Bug跟踪系统等。

目的

企业的目的：便于企业开发一套网站系统，兼容用户最常用的几款浏览器。

前台和后台的关系说明

（1）前台页面：用户进入网站地址。

（2）程序：系统获取用户使用的浏览器信息（数据库记录数据）。

（3）后台页面：管理员查看到用户使用浏览器的数据表。

下图展示了前台和后台的关系。

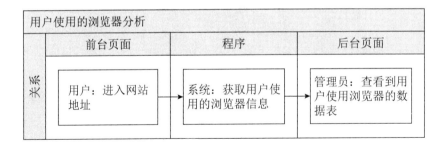

实例

用户使用的浏览器分析后台页面如下图所示。

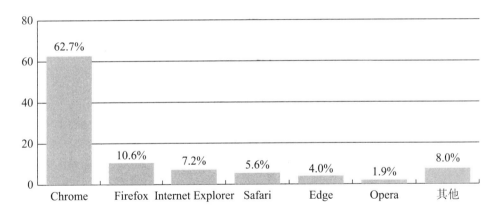

说明

1. 用户进入系统后，系统可以抓取到用户使用的浏览器。

2. 可以详细地知道多少人使用什么浏览器，使用占比多少。

3. 网站系统支持所有的浏览器和样式不错位是不可能的，所以支持最多用户使用的浏览器是必要的。通过平台运营一段时间后，就可精准地获取数据信息。

4. 生成背景：每个网站系统的客户端的开发语言都不一样，可能是用ASP、ASP.NET、PHp、JSP等语言开发。假如客户端采用PHP开发，并且程序与前端是分离开的，那么就会有两个文件：一个文件是PHP的程序文件；另一个文件是界面文件（界面文件通常是HTML+CSS）。

用户经常使用各种浏览器浏览网站，用不同浏览器浏览同样的网站时，可能有些浏览器浏览会错位，有些浏览器浏览则正确。那么就可以调整界面文件，即HTML+CSS前端程序文件。但是并不是调整HTML+CSS前端程序文件就可以修复所有浏览器错位问题。所以记录用户登录使用的浏览器分析能够帮助企业，使得前端程序必须兼容用户最常用的几款浏览器。

目前常用的浏览器有Chrome、Firefox、Internet Explorer、Safari、Edge、Opera等。

5. 生成方法和计算方法。

问：浏览器占比数据是如何产生的？

答：例如有1000个用户使用不同的浏览器登录某一网站，其中614个用户使用Chrome浏览器，118个用户使用Internet Explorer浏览器，109个用户使用Firefox浏览器，47个用户使用Edge浏览器，42个用户使用Safari浏览器，16个用户使用Sogou Explorer浏览器，16个用户使用Opera浏览器，38个用户使用其他浏览器。那么后台则记录浏览器的占比，如：61.4%、11.8%、10.9%、4.7%、4.2%、1.6%、1.6%、3.8%。

公式：使用某款浏览器的用户/使用浏览器浏览的所有用户× 100%。

如：614/1000×100%=61.4%。

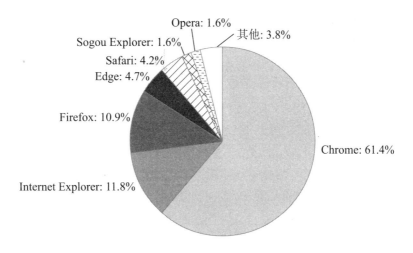

问：可以按日、按周、按月、按年统计用户使用浏览器占比数据吗？

答：可以。按日，则统计当天00:00至24:00的数据即可，然后系统后台生成日数据。

按周，则统计周一至周日的数据即可，然后系统后台生成周数据。

按月，则统计每月1号至每月最后1天的数据即可，然后系统后台生成月数据。

按年，则统计每年1月1号至12月最后1天的数据即可，然后系统后台生成年数据。

6. 图表中信息的意义如下。

浏览器分析数据能提高用户体验，当用户使用Chrome、Firefox、Internet Explorer、Safari浏览器都能完美兼容，那么对用户来说很有意义的。

如果老板使用其他浏览器占比1%，用户使用Chrome浏览器占比99%，调整界面程序HTML+CSS也无法兼容。那么就可以用浏览器分析数据说服你的老板，使老板转变常用的浏览器。

5.3 男女用户的身高和体重分析

男女用户的身高和体重分析的概念

男女用户的身高和体重分析指的是按照网站平台男女用户的身高和体重为数据，系统自动形成图形图像的数据表，供管理员分析。

适合范围

男女用户的身高和体重分析适合电商系统，CMS，OA系统，社交系统，博客系统，金融系统（银行、基金、证券），ERP进销存系统，CRM系统，协同管理系统，新闻系统，项目管理系统，Bug跟踪系统等。

目的

企业的目的：了解网站系统的用户身高和体重，便于采购。例如，电商平台的用户都是170cm、60kg的男生和女生，那么企业采购M码就可以很容易地完成销售目标。

实例

男女用户的身高和体重图如下图所示。

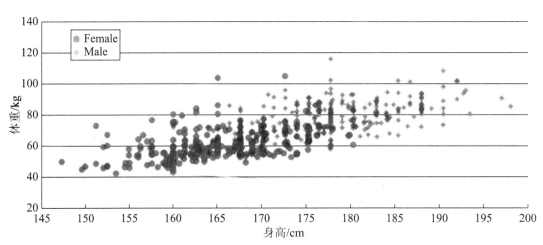

说明

1. 用户注册完成后，用户可以填写基本资料：身高和体重。

2. 用户填写了身高和体重信息后，系统后台可以实时了解。

3. 从上图可见，女生身高在160～170cm较多，男生身高在170～180cm较多。如果是电商服装企业，那么时就会把女生160～170cm和男生在170～180cm的码数的服装进多点，减少其他身高的码数。

4. 生成背景：做服装的电商企业，它们的货物就是服装，服装有S、M、L等的码数，有了会员的身高和体重的数据，那么采购就可以更加精准了。这样可以节省采购成本，采购的货源也会卖得很快，使企业资金流转得更快。可见男女用户的身高和体重分析，能为服装企业带来一定的价值。

5. 生成方法和计算方法如下。

问：身高和体重数据如何生成的呢？

答：目前了解到的生成方式会有两种。第一种是注册会员后，由用户完善资料，用户自己填写的身高的体重数据；第2种是根据用户购买服装的码数，系统按逻辑规则判断用户的身高和体重。

问：系统按逻辑规则如何判断用户的身高和体重呢？

答：正常情况下，例如一件男服装M码，适合身高165～170cm、体重55～65kg的男生穿。如果你在电商网站系统购买服装，买M码。那么后台系统数据图会生成一个圆点将你归类在身高165～170cm、体重55～65kg的男生。

非正常情况下，例如一件男服装M码，适合身高165～170cm、体重55～65kg的男生穿。一件女服装M码，适合身高160～165cm、体重45～55kg的女生穿。一个用户突然买了一件男装M码和一件女装M码。那么系统判断不了账号所属人的身高和体重，系统数据图会按用户购物的衣服码数区分，生成两个圆点将你归类在身高165～170cm、体重55～65kg的男生和身高160～165cm、体重45～55kg的女生。相当于购买多少件衣服，就生成多少个圆点。

6. 图表中信息的意义如下。

从图中所示，该服装类电商系统可见女生在160～170cm的用户较多，男生在170～180cm的用户较多。

如果女生的S码适合150～160cm，M码适合160～170cm，L码适合170～180cm。根据系统后台的数据图，采购人员需采购10件衣服，那么可以S码采购2件，M码采购7件，L码采购1件。

这样采购有什么优势呢？由于自己的平台160～170cm的购买者较多，这样采购便于采购的货快速地卖光，再采购新货，使得资金流转更快，企业能够减少库存压力。

5.4 统计报表

统计报表的概念

统计报表指的是用户购买商品后，系统后台可以按国家或地区统计出用户的订单数量和销售额。

适合范围

统计报表适合电商系统，CMS，OA系统，社交系统，博客系统，金融系统（银行、基金、证券），ERP进销存系统，CRM系统，协同管理系统，新闻系统，项目管理系统，Bug跟踪系统等。

目的

企业的目的：获取销售量较好的国家或地区信息，企业可以有针对性地推广，以达到销售目标。

前台和后台的关系说明

（1）前台页面：用户在网站平台完成购物。
（2）程序：系统记录用户的购物数据。
（3）后台页面：管理员查看到用户购物的订单量和销售额的统计数据。
下图展示了前台和后台的关系。

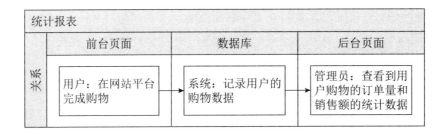

实例

全国订单和销售价统计报表如下图所示。

说明

1. 通过统计报表可以查看某地区的订单数和销售额。

2. 根据用户提交订单填写的收货地址，可以按地区统计。

3. 有些电商企业是做全球性销售的，通过后台的地图，管理员的鼠标经过每一个国家，显示该国家在该网站购买的订单数量和销售额。

4. 如何判断购物用户属于哪个国家的呢？常见的判断方法有根据邮寄的地址为准、根据IP地址为准、根据GPS定位为准。作者认为根据邮寄地址为准是最准确的。因为用户通过代理IP或IP地址库错误，就会导致统计错误。根据GPS定位，如果用户是一个代购者，帮助全世界的用户代购商品，并由商家直接寄到全球各位用户手中，那么会导致统计错误。根据邮寄地址为准，那么哪个国家的用户接收货物，这条订单记录就统计进哪个国家是最好的。

5. 生成背景：目前，很多电商企业都不仅仅是做自己国家、自己城市的生意，而是做全球的生意。通过电子商务即可为企业实现全球生意的梦。为了能够统计用户在电商系统购买的订单和金额的数据，用户填写收货地址时，国家、省份、城市需要用户选择，而不是要用户输入。因为用户输入，系统是很难统计数据是属于哪个国家、省份、城市的。目前很多中大型电商企业，收货地址的国家、省份、城市都是需要用户选择的，如下图所示。

可见收货地址的省份需要用户选择，那么系统后台的数据统计就可以统计到每个省的订单数量和销售额。

统计到数据，以便企业线下和线下结合运营，拓展业务时，可以按照销量较高的城市优先拓展。

6. 生成方法和计算方法如下。

问：订单数量和销售额是如何生成的呢？

答：订单数量指用户从提交订单到付款，用户付款1次，为1个订单，企业发1次快递。用户付款3次，为3个订单，企业发3次快递。

销售额指用户付款的总和。用户付款2次，第1次付款100元，第2次付款80元，那么销售额为180元。

问：系统统计某个城市的订单数量和销售额必须选择吗？

答：通常来说必须选择。例如，用户输入地址"广东省深圳市南山区××大厦××室"。虽然输入的内容有广东省，但是系统很难统计到广东省的数据。如果用户选择"广东省"，那么数据就能够很容易统计到广东省的订单数量和销售额数据。

7. 图表中信息的意义如下。

订单数量和销售额数据表对企业运营有很大帮助。企业的一级城市代理商一个月订单数量只有20个，销售额仅有17 660.99元。四级城市代理商一个月订单数量有1000个，销售额100万元。连四级城市的代理商做得都比一级城市的代理商好，这样就不合适了，企业可以做出调整，撤销一级城市代理资格，或者增加规则——一级城市代理商需要每月销售额200万元，二级城市代理商需要每月销售额100万元，三级城市代理商需要每月销售额80万元，四级城市代理商需要每月销售额50万元，每月业务不达标就取消代理资格。

可见利用订单销量和销售额的数据，可以帮助企业提升和拓展业务，提高业绩。

5.5 全年的商品销量

全年的商品销量的概念

全年的商品销量指的是某个商品全年12个月的销售量。

适合范围

全年的商品销量适合电商系统，CMS，OA系统，社交系统，博客系统，金融系统（银行、基金、证券），ERP进销存系统，CRM系统，协同管理系统，新闻系统，项目管理系统，Bug跟踪系统等。

目的

企业的目的：了解商品的销售量，根据商品的销售量判断商品的生命周期，便于根据销售量推广商品，提升公司业绩。例如，企业刚刚代理一款商品，在不推广的情况下可以销售100件，推广后销售了10000件。

实例

产品每月销量如下图所示。

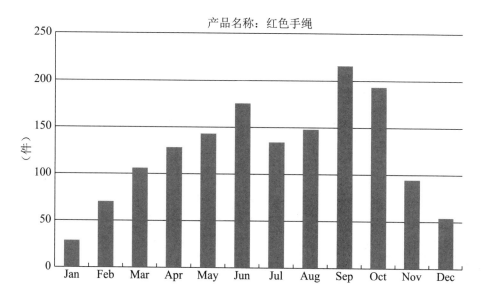

下图为鼠标经过的效果图。

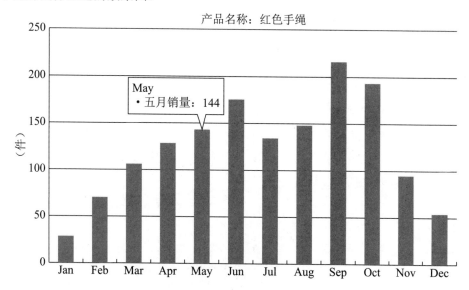

说明

1. 用户付款后，系统记录每月的销量。

2. 本例为"红色手绳"商品的按月查询的全年销量。

3. 9月和10月销量最高，那么在这段时间去推广、投放广告，业绩可能就翻倍。但如果在销量最低的1月和12月去推广，就可能浪费大量的广告费，也增加不了多少业绩。

5.6 每天的外卖销量

每天的外卖销量的概念

每天的外卖销量指的是用户每天早餐、午餐、晚餐在商家消费，商家根据实际销售的数据形成可视化数据报表。

适合范围

每天的外卖销量适合电商系统，CMS，OA系统，社交系统，博客系统，金融系统（银行、基金、证券），ERP进销存系统，CRM系统，协同管理系统，新闻系统，项目管理系统，Bug跟踪系统等。

目的

企业的目的：针对用户用餐的习性采购食物，防范食物卖不完造成的损失，也为了每天都能采购到新鲜的材料。

前台和后台的关系说明

（1）实体店：用户支付完成后确认。

（2）数据库：系统记录用户的购物数据。

（3）后台页面：管理员查看到用户早餐、午餐、晚餐的报表数据。

下图展示了前台和后台的关系。

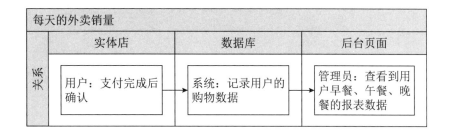

每天的外卖销量		
	实体店	数据库	后台页面
关系	用户：支付完成后确认	系统：记录用户的购物数据	管理员：查看到用户早餐、午餐、晚餐的报表数据

实例

每天的外卖销量图如下图所示。

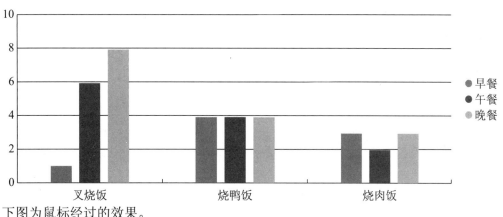

下图为鼠标经过的效果。

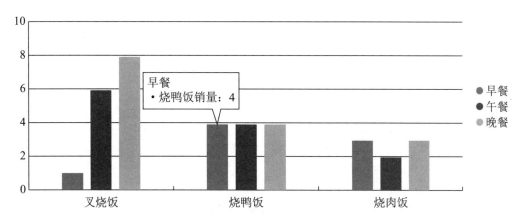

说明

1. 点餐系统：一个用户点餐后，销量会增加1。如果再细化，按时间段区分，6～10点为早餐，11～14点为午餐，18～22点为晚餐，那么就很容易统计出早餐、午餐、晚餐各种饭的销量。

2. 每天都可以统计出前一天的数据，那么实际销售各种饭和时段就有了数据依据。有了这些数据，采购人员可以按照这些数据，采购各种材料，而且可以减少每天剩余的材料，使用户每天都可以吃到更新鲜的饭菜。

5.7 汽车速度表

汽车速度表的概念

汽车速度表指的是用户开汽车时，汽车里的系统程序实时显示当前汽车的速度。

适合范围

汽车速度表适合电商系统，CMS，OA系统，社交系统，博客系统，金融系统（银行、基金、证券），ERP进销存系统，CRM系统，协同管理系统，新闻系统，项目管理系统，Bug跟踪系统等。

目的

企业的目的：让用户知道自己开汽车的当前速度，是否速度过快或者速度过慢。

个人的目的：根据汽车的实际速度和道路要求的速度，司机可以自行调整汽车速度。

实例

汽车速度表如下图所示。

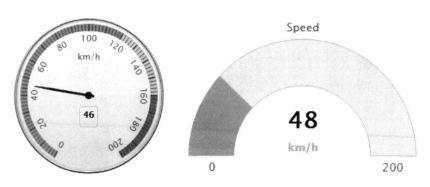

说明

1. 用户一开车，汽车速度表就显示车的速度；用户开车时看到路面有限速，再看下自己已超速，那么就可以减速。

2. 如果想做得再优秀点，那么用户超速时系统可以通过声音通知用户减速。

5.8　来源网站统计

来源网站统计的概念

来源网站统计指的是用户直接输入网站地址或者用户在其他网站单击网站地址进入网站，系统记录并统计的过程。

适合范围

来源网站统计适合电商系统，CMS，OA系统，社交系统，博客系统，金融系统（银行、基金、证券），ERP进销存系统，CRM系统，协同管理系统，新闻系统，项目管理系统，Bug跟踪系统等。

目的

企业的目的：促使网站系统更加安全，推广更加有效。例如，记录用户的来源网站，企业可以加大在来源网站进行推广。

实例

来源网站统计分析图如下图所示。

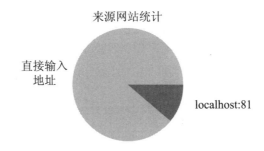

说明

1. 系统能够统计来源的网站。用户可能是直接输入网站地址进入的，也可能是单击其他网站地址跳转来进入的。

2. 统计来源网站，企业可以精准地分析已投放广告的效果。

第 6 章

权限管理

权限管理功能是每个完善的系统必须具有的功能。按照权限的分配，用户可以使用拥有授权的功能。

系统权限包括如下几种。

◆ 数据权限：指用户自己只能读写自己账户的功能权限。

◆ 功能权限：指不同的用户登录各自的账户后，查看到的功能权限都不一样。

◆ 继承权限：例如离职员工和新入职员工，新入职员工的权限需要继承离职员工的权限。

RBAC支持三个著名的安全原则：最小权限原则、责任分离原则和数据抽象原则。

基于角色的权限访问控制（Role-Based Access Control，RBAC）作为传统访问控制（自主访问、强制访问）的有前景的代替受到广泛的关注。在RBAC中，权限与角色相关联，用户通过成为适当角色的成员而得到这些角色的权限。这就极大地简化了权限的管理。在一个组织中，角色是为了完成各种工作而创造，用户则依据它的责任和资格来被指派相应的角色，用户可以很容易地从一个角色被指派到另一个角色。角色可根据新的需求和系统的合并而赋予新的权限，而权限也可根据需要而从某角色中回收。角色与角色的关系可以建立起来以囊括更广泛的客观情况。

为什么不一个一个地设置用户权限？

当一个系统使用的人员少、角色少时，确实可以一个一个地设置用户权限。但是当用户越来越多时，系统管理越来越难，而且一个一个设置需要更多的时间。只有使用角色组、用户组的功能，才能快捷、批量地设置一群相同权限的角色用户。

6.1 创建角色组

创建角色组的概念

创建角色组指的是创建系统里的组织架构，管理员创建角色组通常按照企业的组织架构图创建，如创建运营部、设计部、财务部等。

适合范围

创建角色组适合电商系统，CMS，OA系统，社交系统，博客系统，金融系统（银行、基金、证券），ERP进销存系统，CRM系统，协同管理系统，新闻系统，项目管理系统，Bug跟踪系统等。

目的

企业的目的：使企业能够按照组织架构发展，便于权限管理。

实例

后台页面如下图所示。

说明

1. "超级管理组"拥有整个系统的全部权限，可以使用所有的后台系统功能。

2. 如果创建一个角色为"运营部"的权限，首先单击"添加"按钮。

3. 单击"添加"按钮后，则显示"添加"角色的页面。

4. 选择父级"超级管理组"，输入名称"运营部"，选择权限，单击"确定"按钮即创建角色和权限成功，如下图所示。

5. 单击"展开全部"按钮，则可以查看到每一个功能页面里的细节权限，例如包括查看、添加、编辑、删除、批量更新等功能，如下图所示。

说明

创建角色成功后，则可以查看到名称有"运营部"，并且父级为"超级管理组"。

6.2 添加用户至角色组

添加用户至角色组的概念

添加用户至角色组指的是将用户添加至角色组里，使用户拥有该角色的权限。例如，将用户林某某添加至运营部角色组里，那么林某某就拥有了运营部的权限。

适合范围

添加用户至角色适合电商系统，CMS，OA系统，社交系统，博客系统，金融系统（银行、基金、证券），ERP进销存系统，CRM系统，协同管理系统，新闻系统，项目管理系统，Bug跟踪系统等。

目的

企业的目的：便于权限管理，可以快速添加用户至角色组。例如，员工刚入职，管理员即可用几分钟为新入职员工添加到角色组，使员工有权限查看该部门的相关资料。

实例

后台页面如下图所示。

说明

显示所有用户所在的角色组，例如所属组别在"运营部"，如下图所示。

说明

1. 单击"添加"按钮后，显示添加用户至角色组的功能页面。

2. 选择所属组别（角色组），输入系统里有的用户名、E-mail、昵称、密码，选择状态，单击"确定"按钮后则添加林某某用户至角色组"运营部"成功，如下图所示。

说明

　　1.添加用户至角色组成功后，即可见用户的信息。

　　2.所属组别"运营部"拥有的权限，该用户"林某某"都拥有。

6.3　数据库编辑权限

数据库编辑权限的概念

　　数据库编辑权限指的是超级管理员root拥有最高的权限。超级管理员可以编辑所有管理员的权限，分派权限给下属管理员，使每个管理员拥有不同的数据库权限管理。

适合范围

　　数据库编辑权限适合电商系统，CMS，OA系统，社交系统，博客系统，金融系统（银行、基金、证券），ERP进销存系统，CRM系统，协同管理系统，新闻系统，项目管理系统，Bug跟踪系统等。

目的

　　企业的目的：企业扩大，人员就会增多。人多了就很难管理，通过数据库编辑权限功能管理，超级管理员就可以很快处理好系统管理的分工。

实例

　　后台页面如下图所示。

用户	主机	密码	全局权限 ?	授权	操作
□ root	localhost	是	ALL PRIVILEGES	是	编辑权限　导出

说明

　　一台服务器中，拥有多个数据库，超级管理员root可以设置一个或多个管理员分别管理一个或多个数据库，如下图所示。

编辑权限: 用户 *'cloudy'@'localhost'* - 数据库 *272*

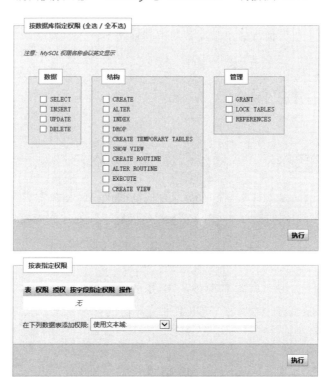

说明

1. 超级管理员root，设置管理员用户cloudy管理数据库272的权限。

2. 数据权限包括SELECT（查询）、INSERT（插入）、UPDATE（更新）、DELETE（删除）。

3. 结构权限包括CREATE、ALTER、INDEX、DROP、CREATE TEMPORARY TABLES、SHOW VIEW、CREATE ROUTINE、ALTER ROUTINE、EXECUTE、CREATE VIEW。

4. 管理权限包括GRANT、LOCK TABLES、REFERENCES。

使用管理员用户cloudy登录后，由于其没有授权，则显示无权限，如下图所示。

数据库

超级管理员用户root授权给管理员用户cloudy管理数据库272的SELECT（查询）和INSERT（插入）功能权限，那么用户cloudy登录后即可对数据库272进行查询和插入（见下图）。

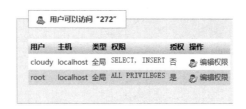

6.4 添加管理员和分派权限

添加管理员和分派权限的概念

添加管理员指的是超级管理员为授权部分功能权限给下属管理，将下属添加为管理员。

分派权限指的是权限较大的管理员可以授权分派部分权限给较小的管理员，较小的管理员拥有了分派的权限，即有职责处理和使用管理。

适合范围

添加管理员和分派权限适合电商系统，CMS，OA系统，社交系统，博客系统，金融系统（银行、基金、证券），ERP进销存系统，CRM系统，协同管理系统，新闻系统，项目管理系统，Bug跟踪系统等。

目的

企业的目的：安排多个管理员之间进行分工，使企业能够有序地运营。

实例

后台页面如下图所示。

说明

输入用户名、E-mail、密码、确认密码，单击"确定"按钮，即添加管理员。结果如下图所示。

添加 cloudylin 操作成功！

如果您不做出选择，将在 2 秒后跳转到第一个链接地址。

☐ 设置管理员权限

☐ 继续添加管理员

说明

单击"确定"按钮后，显示的"添加××操作成功"的过渡页面如下图所示。

说明

1. 过渡页面等待几秒后，自动跳转到设置管理员权限页面。

2. 勾选功能后，则管理员cloudylin拥有已勾选的功能权限。例如，目前仅勾选"Flash播放器管理"功能，并单击"保存"按钮，如下图所示。

说明

使用管理员账号cloudylin登录后，可见此管理员已经拥有"Flash播放器管理"功能。

第 7 章

用户组管理

用户组管理能够快捷地管理所有用户。例如，1个部门有1个经理和10个员工，合计11人。老板要管好这个部门，不需要管11个员工，只需管好1个经理即可。同理，在系统中，管理员把所有要管的用户都加入1个组中，管这群用户，只需要管好这个用户组即可。

7.1 用户组规则

用户组规则的概念

用户组规则指的是网站系统会员的级别，会员级别越高，拥有的权限也会越多。

管理员为每一级用户组设置权限规则。常见的权限包括允许看帖、发主题、回帖、上传、下载。

适合范围

用户组规则适合电商系统，CMS，OA系统，社交系统，博客系统，金融系统（银行、基金、证券），ERP进销存系统，CRM系统，协同管理系统，新闻系统，项目管理系统，Bug跟踪系统等。

目的

企业的目的：使会员更加活跃，只有活跃，会员才能拥有更多的权限。

实例

后台页面如下图所示。

说明

1. 运营与管理人员制定用户组规则。

2. 运营与管理人员在用户组页面输入制定的规则，内容包括用户组ID、用户组名、起始积分、结束积分。

详细规则如下图所示。

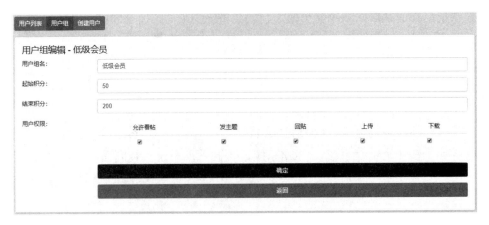

说明

1. 用户组编辑详细设置权限。例如，设置允许看帖、发主题、回帖、上传、下载的权限。

2. 在权限设置页面，用户不得修改用户组名、起始积分、结束积分。

7.2　创建用户

创建用户的概念

创建用户指的是管理员在后台直接为用户创建账号和密码。用户可以使用此账号和密码登录系统，使得用户不需要在前台注册页面注册即可成为会员。

适合范围

创建用户适合电商系统，CMS，OA系统，社交系统，博客系统，金融系统（银行、基金、证券），ERP进销存系统，CRM系统，协同管理系统，新闻系统，项目管理系统，Bug跟踪系统等。

目的

企业的目的：创建新用户，快速授权新用户管理员权限，提高工作效率。

实例

后台页面如下图所示。

说明

1. 创建用户：除了前台页面用户自己注册，管理员也可以在后台直接创建用户账户。

2. 管理员在后台创建的用户，可以直接选择用户组。用户组越高级，权限越大。

3. 什么场合适合管理员后台创建用户账户呢？例如网站关闭用户前台注册的功能，只能通过后台管理员创建新用户的场合。

7.3 用户列表

用户列表的概念

用户列表指的是管理员可以查看到网站系统的所有用户，以列表的方式显示。

适合范围

用户列表适合电商系统，CMS，OA系统、社交系统，博客系统，金融系统（银行、基金、证券），ERP进销存系统，CRM系统，协同管理系统，新闻系统，项目管理系统，Bug跟踪系统等。

目的

企业的目的：管理好会员，管理好网站运营。例如，将用户A从用户组低级会员提升到中级会员，那么用户A就拥有了中级会员的权限。

实例

后台页面如下图所示。

说明

1. 用户列表：主要是查询整个系统的用户。

2. ID为系统自动生成，例如ID为10000，则注册用户为1万，包括前台用户自己注册和管理员后台注册的用户。

3. 用户名为注册的用户名称。由于用户名可以用于登录，因此用户名必须唯一。

4. 用户组：为运营设置的规则。

7.4　取消发主题权限

取消发主题权限的概念

取消发主题权限指的是管理员将用户组取消发主题权限后，该用户组里的用户无法发布主题内容。

适合范围

取消发主题权限适合电商系统，CMS，OA系统，社交系统，博客系统，金融系统（银行、基金、证券），ERP进销存系统，CRM系统，协同管理系统，新闻系统，项目管理系统，Bug跟踪系统等。

目的

企业的目的：网站运营能适应互联网时代的快速变化，管理员可以快速管理网站事务。

实例

后台页面如下图所示。

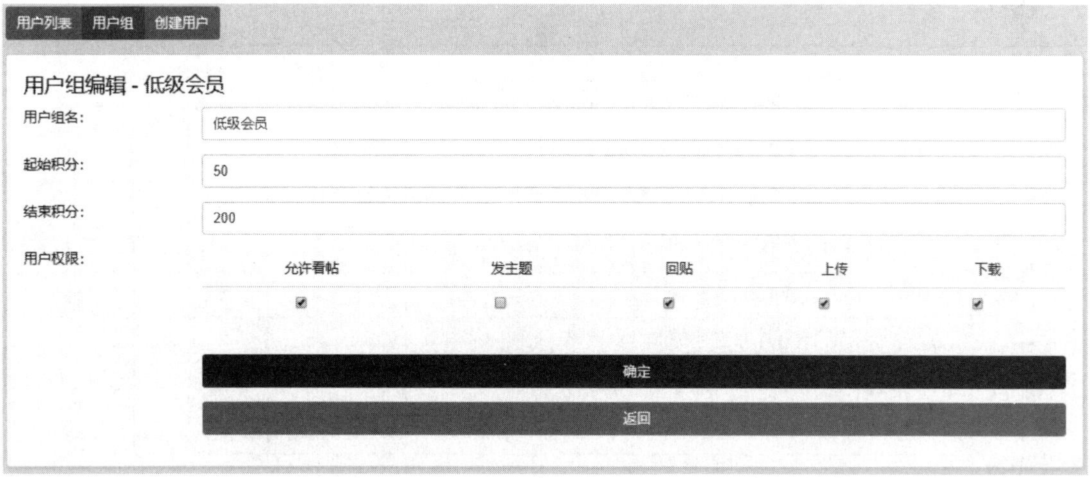

说明

当管理员取消低级会员发主题的权限，并单击"确定"按钮，则取消发主题权限已成功设置。

前台页面如下图所示。

（后台页面的"发主题"对应前台页面的"发帖"按钮。）

说明

1. 用户在发布页面，可见显示"发帖"按钮。

2. 用户单击"发帖"按钮时，需要先判断用户所在的用户组，如果组权限不足，则无法发帖，如下图所示。

您所在的用户组权限不足

说明

1. 当用户组为"低级会员"时，权限不足无法发帖，显示"您所在的用户组权限不足"。

2. 用户所在的用户组权限不足，同时也表示后台管理员设置用户组权限成功。

运营人员制定用户组的规则，至少要给业务人员和技术人员用户组积分判定表，如下表所示。

		规则				
		1.游客	2.低级会员	3.中级会员	4.高级会员	5.超级会员
条件 （原因）	0（含）～50分（不含）	√				
	50（含）～200分（不含）		√			
	200（含）～1000分（不含）			√		
	1000（含）～10000分（不含）				√	
	10000（含）～1000万分（不含）					√
动作 （结果）	允许看帖	√	√	√	√	√
	发主题	√	√	√	√	√
	回帖		√	√	√	√
	上传					√
	下载				√	√

从上述判定表可以看出：

0～49分为游客，结果是允许看帖、发主题。

50～199分为低级会员，结果是允许看帖、发主题、回帖。

200～999分为中级会员，结果是允许看帖、发主题、回帖。

1000～9999分为高级会员，结果是允许看帖、发主题、回帖、下载。

10000～999万分为超级会员，结果是允许看帖、发主题、回帖、上传、下载。

第 8 章

客户关系管理

客户关系管理可以把客户存储在系统中，减少企业员工离职后找不回客户的情况；可以帮助员工快速找到客户的联系方式，以及了解到与客户沟通的详情资料。管理层每天都了解员工的工作内容，可以降低企业运营成本。

8.1 查询客户

查询客户的概念

查询客户指的是企业员工可以查询到属于自己的用户资料，包括用户名称、电话、邮箱、公司名称、网站地址、住址、邮政编码、城市、国家、区域、详细描述的内容。

适合范围

查询客户适合电商系统，CMS，OA系统，社交系统，博客系统，金融系统（银行、基金、证券），ERP进销存系统，CRM系统，协同管理系统，新闻系统，项目管理系统，Bug跟踪系统等。

目的

企业的目的：管理客户关系，帮助员工更好地管理和维护自己的客户。

实例

后台页面如下图所示。

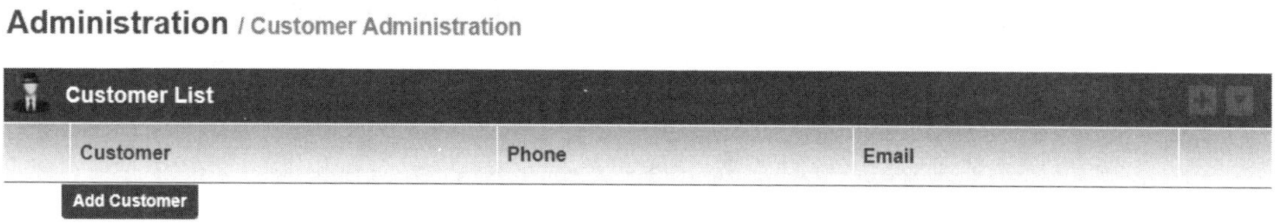

Administration / **Customer Administration**

Customer	Phone	Email	
Customer List			

Add Customer

（说明）

1. 客户列表页面，显示所有用户的名称、电话、邮箱的信息内容。

2. 管理员可以添加新的客户。

3. 目前没有一个客户，所以客户列表不显示内容。

8.2　添加客户

添加客户的概念

添加客户指的是员工找到客户后，把客户的信息录入到客户关系管理系统的过程。

适合范围

添加客户适合电商系统，CMS，OA系统，社交系统，博客系统，金融系统（银行、基金、证券），ERP进销存系统，CRM系统，协同管理系统，新闻系统，项目管理系统，Bug跟踪系统等。

目的

企业的目的：管理客户关系，帮助员工更好地管理和维护自己的客户。员工离职后，企业也可以找到接手的员工跟进，更好地服务客户。

实例

后台页面如下图所示。

说明

1. 单击查询客户的Add Customer按钮后，显示添加客户的功能页面。

2. 添加客户的资料包括公司名称、联系人、邮箱、电话、网站地址、住址、邮政编码、城市、国家、区域、详细描述的内容。

8.3 添加成功

添加成功的概念

添加成功指的是员工添加客户信息后，员工可以查询到已添加的客户信息资料。

适合范围

添加成功适合电商系统，CMS，OA系统，社交系统，博客系统，金融系统（银行、基金、证券），ERP进销存系统，CRM系统，协同管理系统，新闻系统，项目管理系统，Bug跟踪系统等。

目的

企业的目的：管理客户关系，帮助员工更好地管理和维护自己的客户。

实例

后台页面如下图所示。

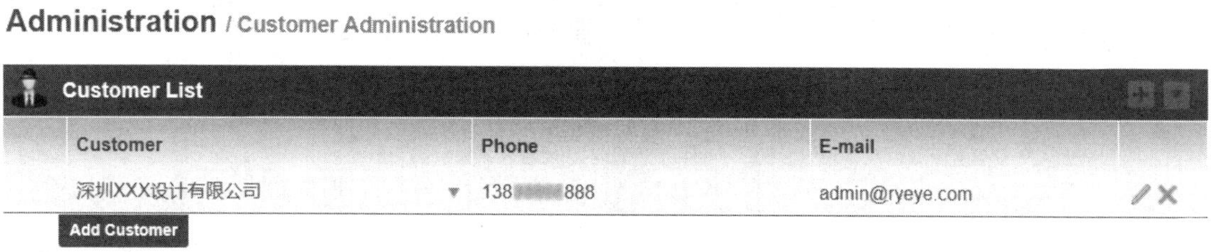

说明

1. 输入资料，并单击Add按钮后，显示添加成功的客户资料。

2. 添加客户成功后，查询客户的页面可见已经显示客户的公司名称、电话、邮箱。

8.4 查询和添加客户联系

查询和添加客户联系的概念

查询和添加客户联系指的是员工可以查询与某个客户的联系次数和内容，并且可以添加与某个客户的联系信息。

适合范围

查询和添加客户联系适合电商系统，CMS，OA系统，社交系统，博客系统，金融系统（银行、基金、证券），ERP进销存系统，CRM系统，协同管理系统，新闻系统，项目管理系统，Bug跟踪系统等。

目的

企业的目的：管理客户关系，帮助企业员工跟进客户，服务好企业的每一个客户。按约定时间与客户沟通并拜访客户。

实例

后台页面如下图所示。

说明

1. 3 meet按钮指联系过此客户3次。

2. Add meet按钮指增加与此客户联系的信息。

8.5 查询沟通详情

查询沟通详情的概念

查询沟通详情指的是员工与某个客户沟通的详情内容，可以通过系统里的沟通详细查询和编辑。

适合范围

查询沟通详情适合电商系统，CMS，OA系统，社交系统，博客系统，金融系统（银行、基金、证券），ERP进销存系统，CRM系统，协同管理系统，新闻系统，项目管理系统，Bug跟踪系统等。

目的

企业的目的：促进企业与客户的合作机会。

实例

后台页面如下图所示。

详情	3 meet					X
沟通方式	标题	时间	内容	记录人	操作	
电话	沟通XX合作内容	2018.05.20	1.业务合作的流程；▼	陈某	编辑	
面谈	沟通XX合作内容	2018.05.21	1.业务合作的流程；▼	林某	编辑	
面谈	沟通XXX合作内容	2018.05.22	1.技术合作的流程；▼	林某	编辑	

说明

1. 单击3 meet按钮后，显示3次沟通的详细内容。
2. 可见与此客户联系3次的内容包括沟通方式、标题、时间、内容、记录人。
3. 员工可以对沟通详情的内容进行编辑和修改。

8.6　添加沟通详情

添加沟通详情的概念

添加沟通详情指的是员工与客户通过沟通后，员工将沟通的详情事项录入系统，便于维护客户。

适合范围

添加沟通详情适合电商系统，CMS，OA系统，社交系统，博客系统，金融系统（银行、基金、证券），ERP进销存系统，CRM系统，协同管理系统，新闻系统，项目管理系统，Bug跟踪系统等。

目的

企业的目的：促进企业与客户的合作机会，使员工不会忘记与客户沟通的事情。

实例

后台页面如下图所示。

说明

单击8.4节图中的Add meet按钮后，员工可以添加与某客户的联系记录。

8.7 添加详情成功

添加详情成功的概念

添加详情成功指的是员工添加与客户沟通详情成功后，员工可以在详情页面查询到添加详情的内容。

适合范围

添加详情成功适合电商系统，CMS，OA系统，社交系统，博客系统，金融系统（银行、基金、证券），ERP进销存系统，CRM系统，协同管理系统，新闻系统，项目管理系统，Bug跟踪系统等。

目的

企业的目的：验证添加详情的内容是否成功，添加详情成功则表示员工可以查询到详情内容。

实例

后台页面如下图所示。

详情	3 meet					X
沟通方式	标题	时间	内容	记录人	操作	
电话	沟通XX合作内容	2018.05.20	1.业务合作的流程;▼	陈某	编辑	
面谈	沟通XX合作内容	2018.05.21	1.业务合作的流程;▼	林某	编辑	
面谈	沟通XXX合作内容	2018.05.22	1.技术合作的流程;▼	林某	编辑	
电话	沟通XX合作内容	2018.05.23	1.业务合作的流程;▼	陈某	编辑	

说明

1. 单击8.6节图中的"确认"按钮后，显示添加成功后的详情。

2. 添加成功后，在详情页可以看到新增加的沟通详情。

第 9 章
积分和优惠券

积分是一种系统运营的活动，是一种互联网运营战术。积分能够促进会员消费、帮助销售、增加企业利润。例如，信用卡的积分制度、电商的积分制度。用户通过使用积分，可以换取特定的积分商品。

优惠券同积分一样，也是一种系统运营的活动，是一种互联网运营战术。优惠券也能够促进会员消费、帮助销售、增加企业利润。例如，餐饮业的优惠券、电商的优惠券。用户通过使用优惠券，购买商品时可以直接减价。

9.1 积分规则

积分规则的概念

积分规则指的是网站管理员制定积分规则，用户按照管理员设置的积分规则可以获得积分、能获得多少积分的操作。

适合范围

积分规则适合电商系统，CMS，OA系统，社交系统，博客系统，金融系统（银行、基金、证券），ERP进销存系统，CRM系统，协同管理系统，新闻系统，项目管理系统，Bug跟踪系统等。

目的

企业的目的：让用户更加活跃，促进用户消费、消费后评论。

前台和后台的关系说明

（1）后台页面：管理员设置积分规则。设置完成后，用户将按规则获得相应的积分。

（2）数据库：系统更新数据库内容。

（3）前台页面：用户完成管理员设置的积分规则内容，即可获得积分。

下图展示了前台和后台的关系。

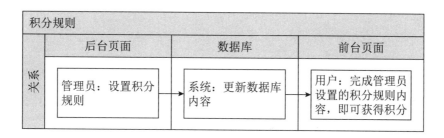

实例

后台页面如下图所示。

说明

运营要建立积分体系，那么需要设立积分规则。例如，用户注册、用户登录、邀请好友、购买商品、支付返积分、充值返积分、评论返积分等。

9.2 商品兑换

商品兑换的概念

商品兑换指的是用户按照管理员制定的积分规则，用户使用获得的积分兑换网站里的商品。

适合范围

商品兑换适合电商系统，CMS，OA系统，社交系统，博客系统，金融系统（银行、基金、证券），ERP进销存系统，CRM系统，协同管理系统，新闻系统，项目管理系统，Bug跟踪系统等。

目的

企业的目的：让用户能够使用积分兑换商品。用户有了第一次兑换，就会努力地活跃于系统中，努力赚取积分换取商品，使得网站平台浏览量有所提高。

前台和后台的关系说明

（1）后台页面：管理员可以设置积分规则，新建兑换商品，查询用户兑换记录。

（2）数据库：系统更新数据库内容。

（3）前台页面：用户可以查阅自己的积分和兑换记录，使用积分兑换商品。

下图展示了前台和后台的关系。

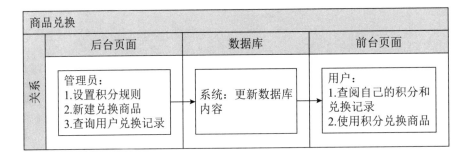

实例

商品兑换后台页面如下图所示。

说明

用户按积分规则获得积分后，就可以使用积分换取商品或虚拟物品。那么运营与管理人员可以在后台查询到商品兑换的详细信息，包括ID、名称、兑换积分、限兑、数量、排序、显示、操作的信息。

新建积分兑换商品（解决会员能兑换什么商品）如下图所示。

说明

用户能用多少积分换取什么商品呢？运营与管理人员可以新建积分兑换商品，每一个商品需要输入商品标题、兑换积分、商品数量、每人限兑的内容，上传商品图片，输入排序、是否展示的内容。

兑换记录（记录谁兑换了商品）如下图所示。

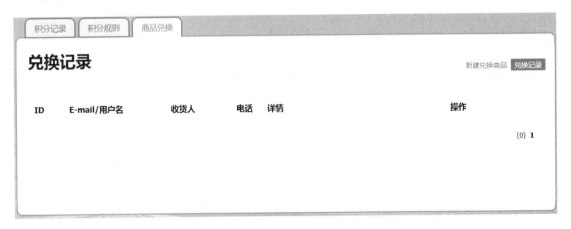

说明

会员兑换记录包括ID、E-mail/用户名、收货人、电话、详情、操作的信息内容。

9.3 积分记录

积分记录的概念

积分记录指的是用户获取的积分是从哪些途径方式得到的，管理员可以从后台管理查询到用户从哪些途径获取积分，获取了多少积分的信息内容。

适合范围

积分记录适合电商系统，CMS，OA系统，社交系统，博客系统，金融系统（银行、基金、证券），ERP进销存系统，CRM系统，协同管理系统，新闻系统，项目管理系统，Bug跟踪系统等。

目的

企业的目的：保存用户的兑换记录，更好地制定积分兑换机制，保证系统的安全性。

前台和后台的关系说明

（1）前台页面：用户获得积分。

（2）数据库：系统更新数据库内容。

（3）后台页面：管理员查询用户获得积分的途径。

下图展示了前台和后台的关系。

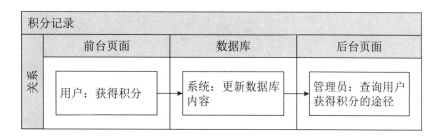

实例

后台页面如下图所示。

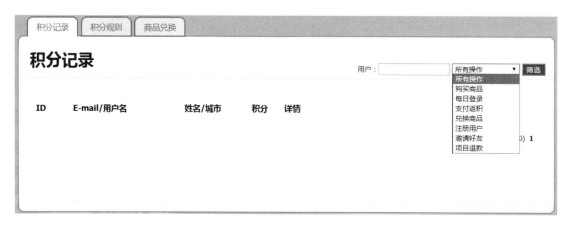

说明

积分记录与积分规则相关，积分规则设置哪些项目可以获取积分，那么积分记录能查询到在积分规则内的积分。例如购买商品、每日登录、支付返积、兑换商品、注册用户、邀请好友、项目退款的积分记录。

9.4 新建优惠券

新建优惠券的概念

新建优惠券是商家推广的一种方式，消费者购物时可以使用优惠券抵消一定的金额。通常由管理员在系统后台页面输入优惠券的信息内容，即可新建优惠券。例如，商户ID、代金券面额、生成数量、开始日期、结束日期、行动代号的信息内容。管理员新建优惠券成功，即代表可以使用优惠券。

适合范围

新建优惠券适合电商系统，CMS，OA系统，社交系统，博客系统，金融系统（银行、基金、证券），ERP进销存系统，CRM系统，协同管理系统，新闻系统，项目管理系统，Bug跟踪系统等。

目的

企业的目的：促进用户持续消费，提升企业销售额。

前台和后台的关系说明

（1）前台页面：管理员录入新建优惠券所需的内容。

（2）数据库：系统更新数据库内容。

（3）前台页面：管理员查询到已新建优惠券的信息内容。（备注：新建优惠券后，管理员一定要查询下新建优惠券的信息是否与创建时的内容一致，否则会造成企业损失。）

下图展示了前台和后台的关系。

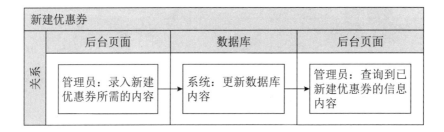

实例

后台页面如下图所示。

新建代金券

商户ID	0	商户ID可以在商户菜单中查询复制出来
	0 表示站内所有商户通用代金券	
代金券面额	10	面额单位为元CNY（人民币元）
生成数量	10	一次最多生成1000张，可重复生成
开始日期	2018-05-17	
结束日期	2018-08-17	
行动代号	20180517_ZT	只是一个代号，可用于对代金券，归档、汇总、查询

编辑

说明

新建代金券需要输入商户ID、代金券面额、生成数量、开始日期、结束日期、行动代号的内容，单击"编辑"按钮，即可新建代金券。

商户名称为0则不限制商户范围，站内所有商户的店都可使用。

9.5 派发优惠券

派发优惠券的概念

派发优惠券指的是管理员创建优惠券后，需要将优惠券派发给用户，收到优惠券的用户才可以使用。

适合范围

派发优惠券适合电商系统，CMS，OA系统，社交系统，博客系统，金融系统（银行、基金、证券），ERP进销存系统，CRM系统，协同管理系统，新闻系统，项目管理系统，Bug跟踪系统等。

目的

企业的目的：促进用户消费，留住老会员，吸引新会员。

前台和后台的关系说明

（1）后台页面：管理员可以查询到优惠券ID、面额、代号、有效期限、状态、商户名称的内容；将ID号码派发给用户。

（2）数据库：系统更新数据库内容。

（3）前台页面：用户接收到管理员给的ID号码。

下图展示了前台和后台的关系。

派发优惠券			
	后台页面	数据库	前台页面
关系	管理员： 1.查询到优惠券ID、面额、代号、有效期限、状态、商户名称的内容 2.将ID号码派发给用户 →	系统：更新数据库内容 →	管理员：接收到管理员给的ID号码

实例

后台页面如下图所示。

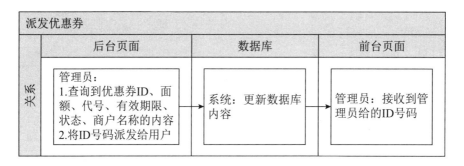

说明

新建代金券成功后，即显示代金券的ID、面额、代号、有效期限、状态、商户名称。

把代金券的ID发给会员，会员购物时即可使用代金券。从图上看有10张10元的优惠券，这10张优惠券属于同一批代号，所以有效期限和商户名称是一致的。

9.6　使用优惠券

使用优惠券的概念

使用优惠券指的是用户接收到管理员给的优惠券号码，在网站系统中购物时输入优惠券号码使用。

适合范围

使用优惠券适合电商系统，CMS，OA系统，社交系统，博客系统，金融系统（银行、基金、证券），ERP进销存系统，CRM系统，协同管理系统，新闻系统，项目管理系统，Bug跟踪系统等。

目的

企业的目的：用户能够学会使用优惠券。

前台和后台的关系说明

（1）前台页面：用户付款时，输入优惠券ID号码，即可抵扣金额。

（2）数据库：系统更新数据库内容。

（3）前台页面：用户支付成功，代表使用优惠券成功。

下图展示了前台和后台的关系。

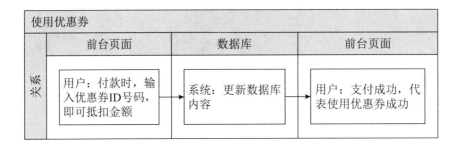

实例

前台页面如下图所示。

说明

用户在购物支付时，输入代金券号码，即可使用优惠券。

9.7 查询优惠券

查询优惠券的概念

查询优惠券指的是用户支付时使用的优惠券，用户支付后管理员可以在后台页面查询优惠券的使用状态。

适合范围

查询优惠券适合电商系统，CMS，OA系统，社交系统，博客系统，金融系统（银行、基金、证券），ERP进销存系统，CRM系统，协同管理系统，新闻系统，项目管理系统，Bug跟踪系统等。

目的

企业的目的：可以分析已派发优惠券和使用优惠券的数据。例如，管理员派发了100张优惠券，实际也使用了100张优惠券。如果每张优惠券面值100元，那么企业就使用了1万元做优惠券活动。

前台和后台的关系说明

（1）前台页面：用户使用了优惠券，并付款成功。
（2）数据库：系统更新数据库内容。
（3）后台页面：管理员可以查询优惠券使用状态。
下图展示了前台和后台的关系。

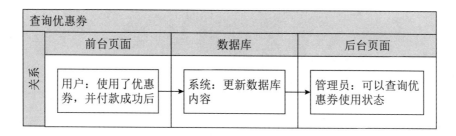

实例

后台页面如下图所示。

代金券

项目ID: [　　　　] 商户ID: [　　　　] 代号: [　　　　] 状态: [所有 ▼] [筛选] [下载]

ID	面额	代号	有效期限	状态	商户名称		操作
9307040917922114	10	20180517_ZT	2018-05-17 2018-08-17	已用 (2)	0		删除 ┃ 删除本批
5074765403073299	10	20180517_ZT	2018-05-17 2018-08-17	未用	0		删除 ┃ 删除本批
9473311730959283	10	20180517_ZT	2018-05-17 2018-08-17	未用	0		删除 ┃ 删除本批
3829208256409679	10	20180517_ZT	2018-05-17 2018-08-17	未用	0		删除 ┃ 删除本批
5142546952523578	10	20180517_ZT	2018-05-17 2018-08-17	未用	0		删除 ┃ 删除本批
5413135938220989	10	20180517_ZT	2018-05-17 2018-08-17	未用	0		删除 ┃ 删除本批
4751165103590702	10	20180517_ZT	2018-05-17 2018-08-17	未用	0		删除 ┃ 删除本批
1946446458324137	10	20180517_ZT	2018-05-17 2018-08-17	未用	0		删除 ┃ 删除本批
6198078093841875	10	20180517_ZT	2018-05-17 2018-08-17	未用	0		删除 ┃ 删除本批
8642569367760726	10	20180517_ZT	2018-05-17 2018-08-17	未用	0		删除 ┃ 删除本批

(说明)

　　代金券使用后，管理员可以查询代金券是否已用。查询的内容包括ID、面额、代号、有效期限、状态、商户名称、操作。

　　常见的状态包括未用、已用、已过期。

电 商 系 统

  电商系统的基本功能包括注册、登录、忘记密码、订单号查询、商品分类、城市分类、新建商品项目、显示新商品、提交订单、用户付款、支付方式设置、快递选择、付款、已付款的查询、发货、快递单拍照上传、收货评价等功能。

  B2C（Business to Consumer）是商家对个人。通俗地说，就是用户A注册了公司，以企业的名义将商品卖给用户B、C、D等个人用户。

  C2C（Consumer to Consumer）是个人对个人。通俗地说，就是所有人都不注册公司，用户A、B、C、D等个人用户卖商品给用户E、F、G、H等个人用户。

  B2B（Business to Business）是商家对商家。通俗地说，是所有人都注册公司，用户A、B、C、D用企业的名义卖商品给企业用户E、F、G、H。

  O2O（Online to Offline）是线下和线下结合。通俗地说，用户A注册了公司，在网上开了个商店，并且也开了实体商店。个人用户B和企业用户C在网店付款或预订了商品，但需要去实体商店取商品。

  以上四种说法是互联网业务人员的说法。互联网技术人员可以用一套B2C的系统用于B2C、C2C、B2B、O2O的运作。

  B2C：技术人员把B2C系统给企业运作。

  C2C：技术人员把B2C系统给个人运作，并且运作系统的企业只卖商品给个人。

  B2B：技术人员把B2C系统给企业运作，并且运作系统的企业只卖商品给企业。

  B2C系统复制1万套，给1万个企业运作，并且运作系统的企业只卖商品给企业。

  O2O：技术人员把B2C系统给企业运作，并且要求企业开门店，用户自行去实体商店取商品。

  可见对一套B2C系统技术人员不用怎么修改代码和功能，即可用于B2C、C2C、B2B、O2O的业务运作。例如，Wordpress博客开源系统，有人用于作企业网站、客户关系系统、电商系统、内容管理系统、图片系统、视频网站、H5手机网站、社区系统。

接下来详细介绍电商系统前台和后台的常见功能。

10.1 订单号查询

订单号查询的概念

订单号查询指的是系统根据消费者付款的日期和时间、付款的先后顺序生成的号码，这个号码就是订单号码。消费者如有任何问题，可以根据此订单号查询到详细的信息。

电商系统常见的订单号命令规则：年+月+日+5位随机数。如2009 05 31 38685。

适合范围

订单号查询适合电商系统，CMS，OA系统，社交系统，博客系统，金融系统（银行、基金、证券），ERP进销存系统，CRM系统，协同管理系统，新闻系统，项目管理系统，Bug跟踪系统等。

目的

企业的目的：用户可以自行查询订单的状态，企业可以节省人力资源成本，实现系统化。

前台和后台的关系说明

（1）前台页面：用户输入正确的订单号码，显示订单的状态。

（2）数据库：系统更新数据库内容。

（3）后台页面：管理员查询用户详细的订单内容。

下图展示了前台和后台的关系。

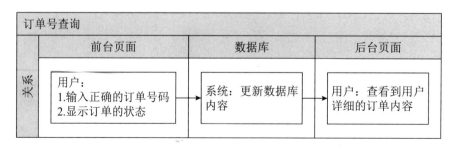

实例

前台页面如下图所示。

查询前	查询后

说明

订单查询：游客用户输入订单号，可以查询订单状态。

后台页面如下图所示。

说明

1. 订单号：系统自动生成的订单编号。常见的订单号规则：年份+日期+5位随机数。

2. 下单时间：显示详细的下单时间。

3. 收货人：显示收货人的姓名、电话、详细地址。

4. 总金额：显示订单的总的金额。如果有积分和优惠券的规则，总金额大于或等于应付金额。

5. 应付金额：显示用户实际需要付款的金额。

6. 订单状态：包括未确认、未付款、未发货。提供用户前台页面查询订单的状态。

7. 操作：查看订单的详细信息，可以处理订单状态，如下图所示。

10.2　商品分类

商品分类的概念

商品分类指的是电商系统显示商品种类的导航栏。

适合范围

商品分类适合电商系统，CMS，OA系统，社交系统，博客系统，金融系统（银行、基金、证券），ERP进销存系统，CRM系统，协同管理系统，新闻系统，项目管理系统，Bug跟踪系统等。

目的

企业的目的：用户快速找到需要的商品页面，促进用户消费。企业可以管理好商品。

前台和后台的关系说明

（1）后台页面：管理员录入分类的相关内容。
（2）数据库：系统更新数据库内容。
（3）前台页面：用户查看到商品分类。
下图展示了前台和后台的关系。

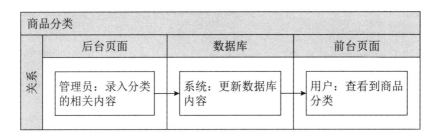

实例

每个电商网站都有商品分类栏，前台页面如下图所示。

说明

1. 一级分类的设计素材包括二级分类的Flash素材、字体素材。

2. 一级分类的时尚服装包括二级分类的上装、下装。

3. 后台管理员可以新增、修改、删除一级分类和二级分类的内容。

头部导航栏如下图所示。

首页　　设计素材　　时尚服装

说明

头部导航栏显示一级分类，一级分类指设计素材、时尚服装。

后台页面如下图所示。

分类名称	商品数量	数量单位	导航栏	是否显示	价格分级	排序	操作
□ 设计素材	0		✓	✓	0	1	
□ Flash素材	10		✗	✓	0	1	转移商品 | 编辑 | 除除
□ 字体素材	2		✗	✓	5	2	转移商品 | 编辑 | 除除
□ 时尚服装	0		✗	✓	0	2	转移商品 | 编辑 | 除除
□ 上装	0		✗	✓	0	1	转移商品 | 编辑 | 除除
□ 下装	0		✗	✓	0	2	转移商品 | 编辑 | 除除

说明

管理员通过后台功能控制前台的头部导航栏和分类栏的排序、是否显示、分类等。

分类名称：　[Flash素材　　　　　] *

上级分类：　[设计素材　　▼]

数量单位：　[　　　　]

排序：　[1　　　　　]

是否显示：　⦿ 是　○ 否

是否显示在导航栏：　○ 是　⦿ 否

设置为首页推荐：　☐ 精品　☐ 最新　☐ 热门

说明

1. 单击"Flash素材"行的"编辑"按钮，显示编辑此行的界面图。

2. 在"分类名称"文本框中输入"Flash素材"，选择"上级分类"为"设计素材"。则一级分类"设计素材"的子类有"Flash素材"。

3. 排序：根据上级分类里的子类，排序子类的顺序。

4. 是否显示：控制分类栏是否显示。

5. 是否显示在导航栏：控制头部导航栏是否显示。

10.3　城市分类

城市分类的概念

城市分类指的是按城市分类，用户在不同城市可以查看到不同的商品信息内容。

适合范围

城市分类适合电商系统，CMS，OA系统，社交系统，博客系统，金融系统（银行、基金、证券），ERP进销存系统，CRM系统，协同管理系统，新闻系统，项目管理系统，Bug跟踪系统等。

目的

企业的目的：让用户在短时间收到货物，也让用户更准确地查询到自己所在城市可以购买的内容。

前台和后台的关系说明

（1）后台页面：管理员录入城市的相关内容。（备注：管理员发布商品信息时，可以勾选哪些城市销售，那么用户就可以购买。）

（2）数据库：系统更新数据库内容。

（3）前台页面：用户查看到城市分类。

下图展示了前台和后台的关系。

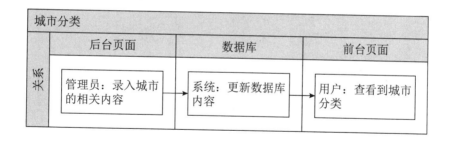

实例

前台页面如下图所示。

说明

上图显示了上次使用的城市（深圳市）和"切换城市"按钮。

说明

单击"切换城市"按钮后，显示所有常用城市的页面。

说明

1. 单击"其他城市"按钮后，显示"选择你所在的城市"页面。

选择你所在的城市

I　惠州

S　深圳市

2. 首字母：控制城市的分类；"I"包括惠州，"S"包括深圳市，每个字母包括哪些城市均可以在管理后台设置。

英文名称的控制如下图所示。

localhost/buy/□□□.php?name=shenzhen

说明

"英文名称"主要控制前台网站地址的名称。例如后台设置英文名称为shenzhen，那么网站地址后显示 shenzhen。

城市列表后台页面如下图所示。

城市列表

新建城市列表

ID	中文名称	英文名称	首字母	自定义分组	导航	排序	操作
1	深圳市	shenzhen	S	广东省	Y	1000	编辑 | 删除
2	惠州	hz	I	广东省	Y	999	编辑 | 删除

说明

1. ID：系统自动递增。
2. 中文名字：显示的中文名称，如深圳市。
3. 英文名称：显示的英文名称，如shenzhen。
4. 首字母：按A-Z的字母排序，如S。
5. 自定义分组：显示上一级分类，如广东省。
6. 导航：在前台页面的导航是否需要显示的控制，如Y。
7. 排序：数值越大的排序在越前，如1000。
8. 操作："编辑"按钮对本行的所有内容进行编辑修改，"删除"按钮将整行内容删除。

"编辑"页面如下图所示。

编辑城市列表　　　　　　　　　关闭 ⊗

中文名称、英文名称：均要求分类唯一性

中文名称：　　　深圳市

英文名称：　　　shenzhen

首字母：　　　　S

自定义分组：　　广东省

导航显示(Y/N)：　Y

排序(降序)：　　1000

确定

说明

　　单击"编辑"按钮后，可以对该行的内容进行修改，包括中文名称、英文名称、首字母、自定义分组、导航显示、排序。

10.4　新建商品项目

新建商品项目的概念

　　新建商品项目指的是管理员发布商品的过程，发布商品后，用户可以按管理员规定购买商品。

　　新建商品项目的信息通常包括基本信息、项目信息、配送信息。

适合范围

　　新建商品项目适合电商系统，CMS，OA系统，社交系统，博客系统，金融系统（银行、基金、证券），ERP进销存系统，CRM系统，协同管理系统，新闻系统，项目管理系统，Bug跟踪系统等。

目的

　　企业的目的：发布商品，让用户有商品可以购买；提升电商企业的商品数量和种类。

前台和后台的关系说明

　　（1）后台页面：管理员录入和提交相关内容，即新建商品。

　　（2）数据库：系统更新数据库内容。

　　（3）前台页面：用户查看到可购买的商品。

　　下图展示了前台和后台的关系。

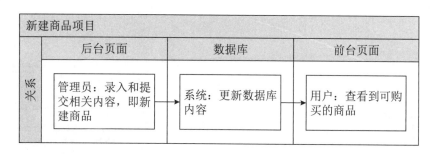

实例

后台页面如下图所示。

1、基本信息

项目类型　[团购项目　▼]　[主机　▼]　[选择细分类　▼]

项目城市　☐全部　☑深圳市　☐惠州　▨▨▨　▨▨▨

限制条件　[以产品购买数量成团　▼]　[可购买多次　▼]

项目标题　[R▨▨s/R▨▨▨网: A▨▨/▨▨ i▨▨c 27寸 i5 台式电脑,(高配)3.2GHz]

市场价　[14988]　　网站价　[13888]　　虚拟购买　[0]

最低数量　[1]　　最高数量　[0]　　每人限购　[1]　　最低购买　[1]

最低数量必须大于0，最高数量/每人限购：0 表示没最高上限 (产品数|人数 由成团条件决定)

开始时间　[2018-07-11]　　结束时间　[2018-07-13]　　优惠券有效期　[2018-10-12]

时间格式: hh:ii:ss (例: 14:05:58)，日期格式: YYYY-MM-DD (例: 2010-06-10)

允许退款　☐是　本项目允许用户发起 申请退款

本单简介　[团购开始后第4天进行配送
预计10-15个工作日可以到达
]

特别提示　[　　　]

关于本单项目的有效期及使用说明

排序　[968]　　请填写数字，数值大到小排序，主推团购应设置较大值

2、项目信息

商户	------ 请选择商户 ------ ▼	商户为可选项

代金券使用 [0] 可使用代金券最大面额

邀请返利 [0] 邀请好友参与本单商品购买时的返利金额

商品名称 [Apple/苹果 iMac 27寸 i5 台式电脑,(高配)3.2GHz]

购买必选项 [　　　　　　　　　　　　　　　　　　　　　]
格式如：{黄色}{绿色}{红色}@{大号}{中号}{小号}@{男款}{女款}，分组使用@符号分隔，用户购买的必选项

商品图片 [选择文件] 未选择任何文件
http://localhost:8080/buy/static/team/2013/0711/13735359583170.jpg

商品图片1 [选择文件] 未选择任何文件

商品图片2 [选择文件] 未选择任何文件

FLV视频短片 [　　　　　　　　　　　　　　　　　　　　　]
形式如：http://.../video.flv

本单详情

- 3.2GHz 四核 Intel Core i5 处理器
- Turbo Boost 高达 3.6GHz
- 8GB (两个 4GB) 内存

网友点评

格式："真好用|小兔|http://ww....|XXX网"，每行写一个点评

Ry▯▯推广辞

3、配送信息

递送方式　◎ 优惠券　◎ 商户券　◉ 快递

快递(编辑)

	名称	价格
☑	圆通快递	12
☐	申通快递	12
☐	韵达快运	10
☑	顺丰快递	20

免单数量 [0]
免单数量：-1表示免运费，0表示不免运费，1表示，购买1件免运费，2表示，购买2件免运费，以此类推

配送说明 [　　　　　　　　　　　　　　　　　　　　　]

[好了，提交]

说明

1. 新建商品项目包括商品的基本信息、项目信息、配送信息。

2. 基本信息包括项目类型、项目城市、限制购买条件、项目标题、价格、购买数量限制、商品的发布时间、是否允许退款、简介和特别提示等。

3. 项目信息包括商户信息、代金券使用最大金额、邀请返利、商品名称、商品选项、商品图片、FLV视频短片、本单商品详情、网友点评、站长点评等。

4. 配送信息包括优惠券、商户券、快递的信息。快递内容包括免单数量设置规则，-1表示免运费，0表示不免运费，1表示购买1件免运费，2表示购买2件免运费等配送说明。

5. 管理员发布商品项目后，会员用户才有商品购买。

10.5　显示新商品和管理商品

显示新商品和管理商品的概念

显示新商品指的是管理员新建商品项目成功后，用户可以查看到商品。

管理商品指的是管理员可以对已经发布商品进行管理。

适合范围

显示新商品和管理商品适合电商系统，CMS，OA系统，社交系统，博客系统，金融系统（银行、基金、证券），ERP进销存系统，CRM系统，协同管理系统，新闻系统，项目管理系统，Bug跟踪系统等。

目的

企业的目的：可以快速调整已发布商品的价格和相关信息。例如，一个商品正常情况下价格是1000元，由于管理员错误发布了价格是100元，管理员检查时发现错误，通过后台管理立即调整回1000元，避免了企业重大损失。

前台和后台的关系说明

（1）前台页面：用户查看到新商品的信息内容，可以购买。

（2）数据库：系统更新数据库内容。

（3）后台页面：管理员查询、编辑商品项目的信息内容。

下图展示了前台和后台的关系。

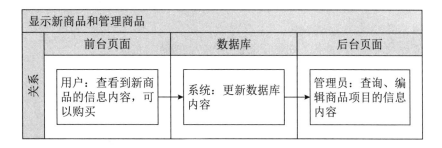

实例

前台页面如下图所示。

说明

显示新商品：新建商品项目发布后，在上架时间范围则显示在前台页面，用户可以购买。

后台页面如下图所示。

当前项目

全部 团购 秒杀 商品

ID	项目名称	类别	日期	成交	价格	操作
40	[团购] Rysos/Ryeye苹果网: Apple/苹果 iMac 27寸 i5 台式电脑,(高配)3.2GHz	深圳市 主机	2013-07-11 2018-07-13	0/1	¥13888 ¥14988	详情｜编辑｜删除 短信快递单号 下载幸运编号

说明

1. 上图显示当前项目的详细内容，包括ID、项目名称、类别、日期、成交、价格、操作。

2. ID：系统自动递增序号，一般分配1～9 999 999的数值。

3. 项目名称：数据来源于新建商品项目时的项目标题名称。

4. 类别：数据来源于新建商品项目时的项目类型和项目城市。

5. 日期：数据来源于新建商品项目时的开始时间和结束时间。

6. 成交：0/1，其中0数据来源于新建商品项目时的虚拟购买；1数据来源于新建商品项目时的最低数量。

7. 价格：数据来源于新建商品项目时的网站价和市场价；网站价指实际需要支付的商品价格。

8. 详情：查看项目的详情信息，包括项目名称、项目时间、当前状态、限购数量、项目定价、销售城市、成交情况、支付统计、项目收支、邮件订阅、短信订阅，如下图所示。

9. 编辑：对新建商品项目提交的内容进行编辑。

10. 删除：删除项目。

11. 短信快递单号：查询本商品项目的总付款订单、已发短信、待发短信、本次发送的信息，如下图所示。

12. 下载幸运编号：下载所有购买此商品项目的用户数据，包括ID、用户名、用户手机、订单手机、付款顺序、幸运号，如下图所示。

	A	B	C	D	E	F
1	ID	用户名	用户手机	订单手机	付款顺序	幸运号
2						
3						

13. 商品项目发布后，管理员查询到当前项目的详细内容。

10.6　提交订单

提交订单的概念

提交订单指的是消费者将商品加入购物车，并将购物车的内容通过系统提交给商家，但是消费者并没有付款给商家的过程。

适合范围

提交订单适合电商系统，CMS，OA系统，社交系统，博客系统，金融系统（银行、基金、证券），ERP进销存系统，CRM系统，协同管理系统，新闻系统，项目管理系统，Bug跟踪系统等。

目的

企业的目的：在用户购买和支付订单之间有一个过渡，产生了提交订单的流程。例如，用户提交订单，但是未付款，企业也获取到用户的姓名、电话、地址的信息，后续也可以用于推广。

用户的目的：可以按预想的时间收到商品，还可以抢购买到商品。例如，电商网站商品由深圳寄到深圳，今天买明天就可以送到，而用户后天才有空，用户就选择先提交订单，明天再付款，那么后天就可以收到货。如果企业使用饥饿营销策略，用户明天才提交订单并付款，可能明天就缺货无法购买。

前台和后台的关系说明

（1）前台页面：用户提交订单但未付款的状态。

（2）数据库：系统更新数据库内容。

（3）后台页面：管理员查询未付订单详情。

下图展示了前台和后台的关系。

提交订单			
关系	前台页面	数据库	后台页面
	用户：提交订单但未付款的状态	系统：更新数据库内容	管理员：查询未付订单详情

实例

前台页面如下图所示。

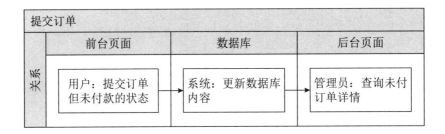

说明

1. 用户购买商品时，单击"立即购买"按钮，即进入提交订单的页面。

2. 提交订单的显示内容包括商品的项目名称、数量、价格、总价、快递费用、订单总额。

3. 订单总额=商品价格+快递费用。

4. 快递信息的内容包括收件人+手机号码+收件地址+邮政编码+订单附言（即备注）的信息内容。

（说明）

1. 单击"确认无误，购买"按钮后，显示的订单支付页面，如下图所示。

2. 选择平台提供的一种支付方式进行支付，如下图所示。

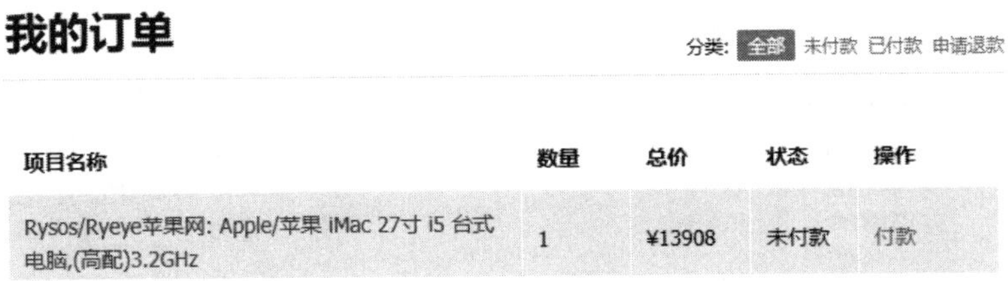

（说明）

用户提交订单后，可在"我的订单"页面查看订单的状态，包括全部、未付款、已付款、申请退款的订单信息。

后台页面如下图所示。

未付订单

订单编号:	0		用户:			项目编号:		
下单日期:		-			付款日期:		-	

筛选

ID	项目	用户	数量	总款	余付	应付	递送	操作
8	40 (R██/Ry███商城网: A██le/█苹果 ██c 27寸 i5 台式电脑,(高配)3.2GHz)	18████94@qq.com 18████94	1	¥13908	¥0	¥13908	快递	删除 详情

(说明)

在"未付订单"页面，管理员可以查看到用户已提交订单但未付款的商品信息，如下图所示。

用户信息:	18████94 / 18████94@q█.com
项目名称:	R███/Ry███████网: A██le/█苹果 ██c 27寸 i5 台式电脑,(高配)3.2GHz
购买数量:	1
付款状态:	未付款
交易单号:	go-8-1-wwlz
支付序号:	0
付款明细:	余额支付 **0** 元 支付宝支付 **0** 元
订购时间:	2018-04-03 18:06 / 1970-01-01 08:00
订单来源:	http://localhost/buy/
联系手机:	138888█████88---
买家留言:	买个13908的电脑! 包装好点!
订单备注:	

确定

收件人:	小仙女
手机号码:	13888888████88
收件地址:	广东省深圳市南山区某某大厦3层全层
快递公司id:	14
快递公司:	顺丰快递

快递信息:	顺丰快递 ▼		确定

(说明)

单击"详情"按钮后，显示用户提交订单的数据，包括商品数据和收货人的数据信息。

10.7 用户付款

用户付款的概念

用户付款指的是用户提交订单后，对订单进行支付，用户付款成功后则显示为已付款。用户付款成功，管理员可对已经付款订单发货。

适合范围

用户付款适合电商系统，CMS，OA系统，社交系统，博客系统，金融系统（银行、基金、证券），ERP进销存系统，CRM系统，协同管理系统，新闻系统，项目管理系统，Bug跟踪系统等。

目的

企业的目的：用户付款可以更加便捷，企业与多家第三方机构合作，使用户可以使用多款支付渠道付款。

前台和后台的关系说明

（1）前台页面：用户选择支付渠道并付款。

（2）数据库：系统更新数据库内容。

（3）后台页面：管理员查询当期订单详情。（运营建议：额度较大的订单，建议企业查询第三方收款的账号或银行是否实际收到货款，确认后再发货。）

下图展示了前台和后台的关系。

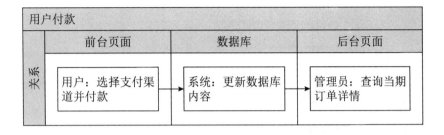

实例

前台页面如下图所示。

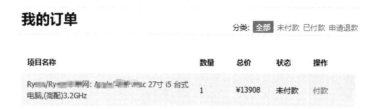

说明

单击"我的订单"按钮后，即进入订单的详情页面，如下图所示。

说明

1. 单击"付款"按钮后，显示付款支付渠道，用户选择一个支付渠道付款。

2. 付款金额以应付总额为准。

后台页面如下图所示。

当期订单

订单编号：[0]　　用户：[　　　]　　项目编号：[　　　　　]
下单日期：[　　　　] - [　　　]　　付款日期：[　　　　] - [　　　]

[筛选]

ID	项目	用户	数量	总款	余付	支付	递送	操作
8	40 (R▩▩/Ry▩▩果网: A▩le/苹果 ▩▩c 27寸 i5 台式电脑,(高配)3.2GHz)	18▩▩394@qq.com 18▩▩394	1	¥13908	¥0	¥0	快递	现金

说明

管理员可以查询用户是否已经付款成功。

10.8 支付方式设置

支付方式设置的概念

支付方式设置指的是管理员后台设置用户可以付款的支付渠道，接口接通后用户可以使用该支付渠道支付。

适合范围

支付方式设置适合电商系统，CMS，OA系统，社交系统，博客系统，金融系统（银行、基金、证券），ERP进销存系统，CRM系统，协同管理系统，新闻系统，项目管理系统，Bug跟踪系统等。

目的

企业的目的：企业可以使用多种收款方式，适应互联网发展，用户支付更加便捷。

前台和后台的关系说明

（1）后台页面：管理员设置支付渠道。
（2）数据库：系统更新数据库内容。
（3）前台页面：用户可以使用支付渠道支付货款。
下图展示了前台和后台的关系。

支付方式设置			
关系	后台页面	数据库	前台页面
	管理员：设置支付渠道	系统：更新数据库内容	用户：可以使用支付渠道支付货款

实例

前台页面如下图所示。

说明

1. 从图中可见电商企业谈了多家支付渠道。

2. 通过后台可以控制支付渠道的方式。

后台页面如下图所示。

支付方式

1、 ▇▇宝（支持即时到帐或担保交易）

商户ID号 `2088▇▇▇▇▇▇912`　　商户申请：Rysos免费签约▇▇宝

交易密钥 `●●●●●●●`

▇▇宝账户 `cloudy▇▇▇@▇▇.com`　　▇▇宝登录帐户名

交易超时 `------未开通------ ▼` 未开通超功能，请不要选择

交易类型 `担保交易 ▼` ▇▇宝担保交易 / 即时到帐交易 / 双功能

成交条件 `▇▇宝成功放款 ▼` 买家付款到▇宝 / ▇▇宝成功放款

快捷登录 `关闭快捷登陆 ▼` 使用▇▇宝大快捷登陆

物流地址 `关闭▇宝物流 ▼` 使用▇宝物流地址 / 关闭▇▇宝物流地址（大快捷登陆用户）

2、 ▇▇通（支持网银直连）

商户ID号 `szsz`　　商户申请：签约▇▇通

交易密钥 `●●●●●●`

网银直连 `是 ▼` 直接显示网银支付选项

说明

1. 从上图可以看出商家恰谈了2个支付通道，由于2个支付通道接口不同，因此需要填写的资料也不同。

2. 支付渠道通常提供给电商企业唯一的商户ID号和交易密钥。

3. 支付渠道需要第三方支付公司提供接口，使用接口，可以做出上述页面的后台功能界面。

10.9 快递选择

快递选择的概念

快递选择指的是用户提交订单时，选择的快递公司。用户付款后，电商网站管理员按照用户选择的快递公司发货。

适合范围

快递选择合适电商系统，CMS，OA系统，社交系统，博客系统，金融系统（银行、基金、证券），ERP进销存系统，CRM系统，协同管理系统，新闻系统，项目管理系统，Bug跟踪系统等。

目的

企业的目的：让客户有选择快递公司的权利，满足用户的需求。

个人的目的：可以更快地收到货物。多件快递都是同一个快递公司送货，可以一次性到货。

前台和后台的关系说明

（1）后台页面：管理员设置快递公司的信息内容。

（2）数据库：系统更新数据库内容。

（3）前台页面：用户可以选择快递公司送货。

下图展示了前台和后台的关系。

快递选择			
	后台页面	数据库	前台页面
关系	管理员：设置快递公司的信息内容	→ 系统：更新数据库内容	→ 用户：可以选择快递公司送货

实例

前台页面如下图所示。

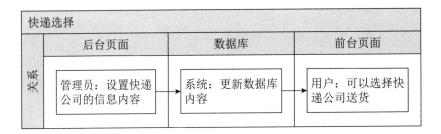

提交订单

项目名称	数量	价格	总价
R□□s/R□□e□□网：□□/ 苹果□□ 27寸 i5 台式电脑, (高配)3.2GHz	1 最多1件 x	¥13888.00 =	¥13888
圆□快递	●	¥12	
顺□快递	○	¥20	
快递费用		=	¥12
订单总额:		=	¥13900.00

说明

用户提交订单时，可以选择（单选）使用一个快递公司。后台页面如下图所示。

3、配送信息

递送方式 ○ 优惠券 ○ 商户券 ◉ 快递

快递(编辑)

	名称	价格
☐	圆通快递	12
☐	申通快递	12
☐	韵达快运	10
☐	顺丰快递	20

(说明)

后台"快递公司"页面，管理员选择1个或多个快递公司。管理员选择后，用户购物时可以从管理员指定的1个或多个快递公司中选择1个快递公司。

快递公司

新建快递公司

ID	中文名称	英文名称	首字母	自定义分组	导航	排序	操作
14	顺丰快递	sf	S	快递组	Y	4	编辑｜删除
13	韵达快运	yunda	Y	快递组	Y	3	编辑｜删除

(说明)

单击"编辑"按钮后，管理员可以新建快递公司。后台页面如下图所示。

新建快递公司 关闭 ⊗

中文名称、英文名称: 均要求分类唯一性

中文名称:

英文名称:

首字母:

自定义分组:

导航显示(Y/N):

排序(降序): 0

快递价格:

确定

(说明)

1. 新建快递公司成功后，将显示在"快递公司"页面；商家发布商品时，可以选择新建的快递公司。

2. 管理员新建快递公司信息的内容包括中文名称、英文名称、首字母、自定义分组、导航显示、排序、快递价格。

10.10 第三方付款流程

第三方付款流程的概念

第三方付款流程指的是用户使用第三方支付渠道的方式付款，网站跳转至第三方支付页面，用户需在第三方支付页面输入支付密码，支付密码正确则第三方付款成功。

适合范围

第三方付款流程合适电商系统，CMS，OA系统，社交系统，博客系统，金融系统（银行、基金、证券），ERP进销存系统，CRM系统，协同管理系统，新闻系统，项目管理系统，Bug跟踪系统等。

目的

企业的目的：满足互联网企业发展，选择常用的第三方支付企业合作。用户能够付款。

第三方付款流程的说明

（1）电商前台页面：用户可以单击"付款"按钮，并显示付款页面，或者单击"前往××付款"按钮。

（2）第三方页面：用户输入支付密码。

（3）电商前台页面：用户查询到第三方付款成功和订单信息（付款成功则状态为已付款）。

下图展示了前台和后台的关系。

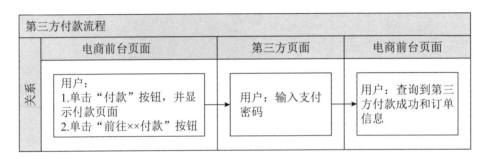

第三方付款流程			
	电商前台页面	第三方页面	电商前台页面
关系	用户： 1.单击"付款"按钮，并显示付款页面 2.单击"前往××付款"按钮	用户：输入支付密码	用户：查询到第三方付款成功和订单信息

实例

前台页面如下图所示。

我的订单

分类: 全部 未付款 已付款 申请退款

项目名称	数量	总价	状态	操作
R██s/Ry█,█████网: A███e/█果 ██c 27寸 i5 台式 电脑,(高配)3.2GHz	1	¥13908	未付款	付款

说明

会员用户进入"我的订单"页面，可见全部、未付款、已付款、申请退款的订单。

单击"付款"按钮后，显示的付款页面如下图所示。

应付总额: 13908 元

前往█████付款

» 返回选择其他支付方式

说明

单击"前往××付款"按钮后，页面将跳转至第三方支付平台，输入支付密码，即可付款。

10.11 已付款查询

已付款查询的概念

已付款查询指的是用户付款成功后，用户对"订单详情"和"我的订单"的页面内容进行查询，管理员对"付款订单"和"订单详情"的页面内容进行查询。

适合范围

已付款查询适合电商系统，CMS，OA系统，社交系统，博客系统，金融系统（银行、基金、证券），ERP进销存系统，CRM系统，协同管理系统，新闻系统，项目管理系统，Bug跟踪系统等。

目的

企业的目的：对已经付款的订单进行线下发货，网站平台能够有序运营。

前台和后台的关系说明

（1）后台页面：用户查询订单状态和订单详情。

（2）数据库：系统更新数据库内容。

（3）前台页面：管理员查询付款订单并发货。

下图展示了前台和后台的关系。

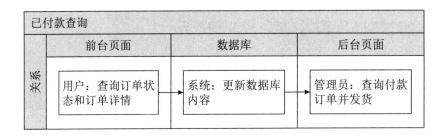

实例

前台页面如下图所示。

我的订单

分类：**全部** 未付款 已付款 申请退款

项目名称	数量	总价	状态	操作
Rysos/Ryeye苹果网：Apple/苹果 iMac 27寸 i5 台式电脑,(高配)3.2GHz	1	¥13908	已付款	详情｜点评

说明

会员用户已付款后，用户在"我的订单"页面查看到状态"已付款"的订单。

用户单击"详情"按钮，可查询订单详情，如下图所示。

订单详情

订单编号： 8　**下单时间：** 2018-04-03 18:06

下单序号： 1　**幸运编号：** 161367

订单附言： 买个13908的电脑！包装好点！

项目名称	单价	数量	总价	状态
Rysos/Ryeye███网: A███/█████ ████ 27寸 i5 台式电脑,(高配)3.2GHz	¥13888 x	1	= ¥13888	-
快递	20 x	1	= ¥20	-
			¥13908	交易成功

快递：　请耐心等待发货

收件人：　小仙女

收件地址：　广东省深圳市南山区某某大厦3层全层

手机号码：　1388█████888

说明

1. 订单编号：每发布一个项目递增1。例如，8表示本商品项目是第8个项目。

2. 下单序号：指该商品项目用户下单后系统自动生成的序号。例如，1表示第1个用户下单。

3. 幸运编号：系统自动分配的6位随机数，常用于抽奖活动。

4. 订单附言：指购买的用户留言。

后台页面如下图所示。

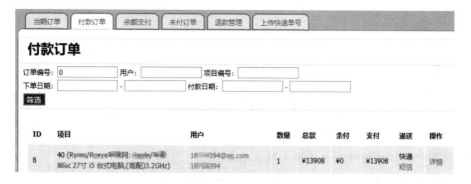

说明

管理员可见付款订单的"支付"栏目，显示多少金额表示用户已经支付了多少金额。

单击"详情"按钮，显示订单的详情页面，如下图所示。

说明

1. 用户信息：显示用户账户和邮箱。

2. 项目名称：显示发布项目时的商品名称。

3. 购买数量：显示1～99 999的正整数。

4. 付款状态：已付款/未付款。

5. 交易单号：系统自动生成。

6. 支付序号：指该商品项目用户支付后系统自动生成的序号。

7. 付款明细：查询用户是线上支付还是线下支付（案例图为线下支付）。

8. 订购时间：用户提交订单的时间和支付订单的时间。

9. 订单来源：指该订单的网页地址。

10. 联系手机：注册时，用户提交的手机号码。

11. 买家留言：用户购物提交订单时，输入的留言信息。

12. 订单备注：仅管理员可见此备注信息。

13. 收货人、手机号码、收件地址、快递公司ID：指用户购物时，填写的收货信息。

10.12 发货

发货的概念

发货指的是用户付款后，管理员查询到用户已经付款，发出用户购买的商品。

适合范围

发货适合电商系统，CMS，OA系统，社交系统，博客系统，金融系统（银行、基金、证券），ERP进销存系统，CRM系统，协同管理系统，新闻系统，项目管理系统，Bug跟踪系统等。

目的

企业的目的：将商品送到用户手上，完成交易，赚取利润，使企业稳定有序发展；希望得到用户的认可，积累一定的用户群体。

前台和后台的关系说明

（1）后台页面：管理员录入快递信息内容。
（2）数据库：系统更新数据库内容。
（3）前台页面：用户查询到商家已发货的信息内容。
下图展示了前台和后台的关系。

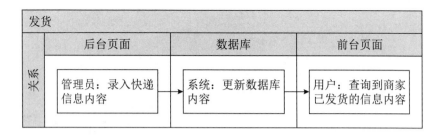

实例

后台页面如下图所示。

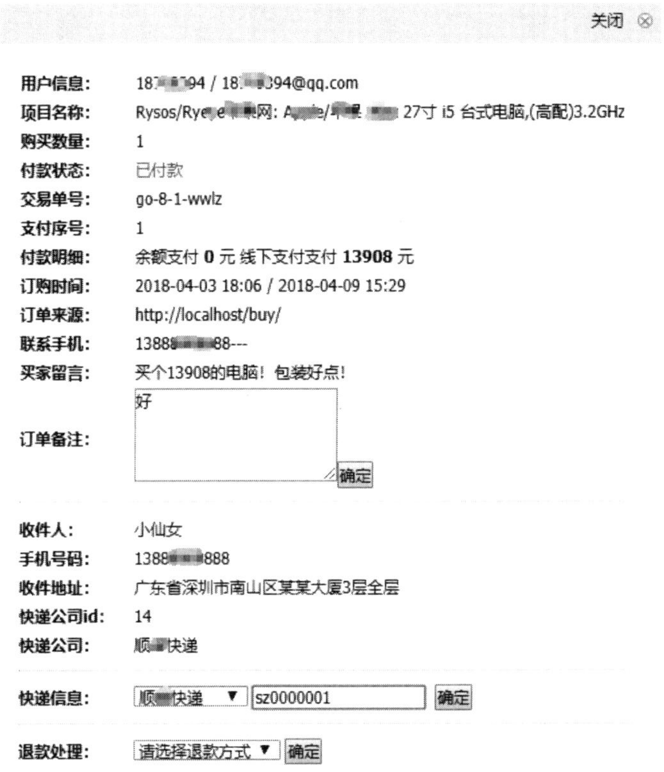

			关闭 ⊗

用户信息: 187█████94 / 18█████394@qq.com
项目名称: Rysos/Ryeye苹果网: Apple/苹果 ████ 27寸 i5 台式电脑,(高配)3.2GHz
购买数量: 1
付款状态: 已付款
交易单号: go-8-1-wwlz
支付序号: 1
付款明细: 余额支付 **0** 元 线下支付支付 **13908** 元
订购时间: 2018-04-03 18:06 / 2018-04-09 15:29
订单来源: http://localhost/buy/
联系手机: 13888████88---
买家留言: 买个13908的电脑! 包装好点!
订单备注: 好

收件人: 小仙女
手机号码: 1388████888
收件地址: 广东省深圳市南山区某某大厦3层全层
快递公司id: 14
快递公司: 顺█快递

快递信息: 顺█快递 ▼   sz0000001   确定
退款处理: 请选择退款方式 ▼ 确定

说明

快递信息: 管理员发货后, 需要输入快递单号, 单击"确定"按钮, 如下图所示。

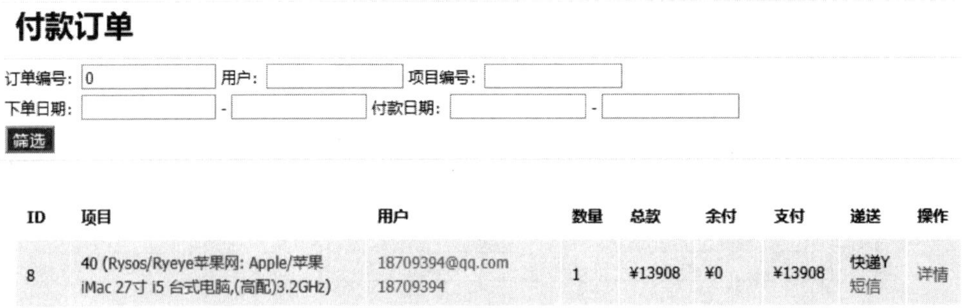

付款订单

订单编号:	0		用户:			项目编号:	

下单日期: [　　　] - [　　　]   付款日期: [　　　] - [　　　]

筛选

ID	项目	用户	数量	总款	余付	支付	递送	操作
8	40 (Rysos/Ryeye苹果网: Apple/苹果 iMac 27寸 i5 台式电脑,(高配)3.2GHz)	18709394@qq.com 18709394	1	¥13908	¥0	¥13908	快递Y 短信	详情

说明

"付款订单"页面可见快递栏目显示快递Y, 表示已经发货。

前台页面如下图所示。

订单详情

订单编号: 8　**下单时间:** 2018-04-03 18:06

下单序号: 1　**幸运编号:** 161367

订单附言: 买个13908的电脑！包装好点！

项目名称	单价	数量	总价	状态
Rysos/Rye████网: A████c/████果 ████c 27寸 i5 台式电脑,(高 配)3.2GHz	¥13888	x 1 =	¥13888	-
快递	20	x 1 =	¥20	-
			¥13908	交易成功

快递:　请耐心等待发货

收件人:　小仙女

收件地址:　广东省深圳市南山区某某大厦3层全层

手机号码:　138████8888

说明

　　用户在"订单详情"页面，可查询到商家未发货时显示的页面，如下图所示。

订单详情

订单编号: 8　**下单时间:** 2018-04-03 18:06

下单序号: 1　**幸运编号:** 161367

订单附言: 买个13908的电脑！包装好点！

项目名称	单价	数量	总价	状态
Rysos/Ry████e苹果网: ████/████果 ████c 27寸 i5 台式电脑,(高 配)3.2GHz	¥13888	x 1 =	¥13888	-
快递	20	x 1 =	¥20	-
			¥13908	交易成功

快递:　顺████快递: sz0000001

收件人:　小仙女

收件地址:　广东省深圳市南山区某某大厦3层全层

手机号码:　1388████888

说明

　　用户在"订单详情"页面，可查询到商家发货后的快递单号。

10.13 上传快递单号

上传快递单号的概念

上传快递单号指的是企业管理员每一件商品发一次货的效率太慢，进而企业需要批量发货，管理员整理好快递单的文本文档上传即可实现批量发货。

例如，批量发货需要按照系统在文本文档中录入订单号、快递单号、快递ID、快递名称。

由于文本文档的内容错误很容易导致系统发货的单号错误，而且批量修复是很困难的，仅建议个人站长使用此功能。

适合范围

上传快递单号适合电商系统，CMS，OA系统，社交系统，博客系统，金融系统（银行、基金、证券），ERP进销存系统，CRM系统，协同管理系统，新闻系统，项目管理系统，Bug跟踪系统等。

目的

企业的目的：可以批量发货，提高工作效率。

前台和后台的关系说明

（1）后台页面：管理员上传文本文件。

（2）数据库：系统更新数据库内容。

（3）前台页面：用户查询到商家已发货的信息内容。（备注：管理员上传文本文件有100个订单号，即管理员发货了100次。）

下图展示了前台和后台的关系。

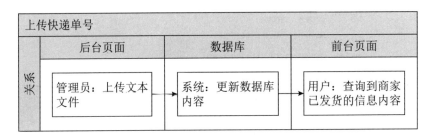

实例

后台页面如下图所示。

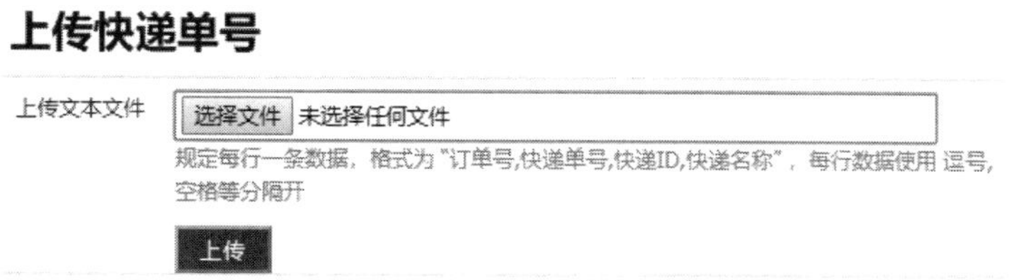

上传快递单号

上传文本文件 　选择文件　未选择任何文件

规定每行一条数据，格式为"订单号,快递单号,快递ID,快递名称"，每行数据使用 逗号,
空格等分隔开

上传

说明

管理员发货后，需要把快递单号相关信息上传，便于日后业务的发展和管理。

10.14 收货评价

收货评价的概念

收货评价指的是用户收到货物后，用户对购买的商品可以留言评价。

适合范围

收货评价适合电商系统，CMS，OA系统，社交系统，博客系统，金融系统（银行、基金、证券），ERP进销存系统，CRM系统，协同管理系统，新闻系统，项目管理系统，Bug跟踪系统等。

目的

企业的目的：用户和用户间可以互动，企业希望由用户评价使用商品觉得好，让其他用户也购买此商品，达到口口相传的推广目的。

收货评价的关系说明

（1）前台页面：用户A收到实物商品后，进入系统评价。

（2）数据库：系统更新数据库内容。

（3）前台页面：其他用户查询到用户A评价的内容。

下图展示了前台和后台的关系。

收货评价		
前台页面	数据库	前台页面
用户A：收到实物商品后，进入系统评价 →	系统：更新数据库内容 →	其他用户：查询到用户A评价的内容

关系

实例

前台页面如下图所示。

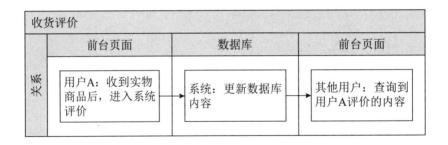

说明

用户进入"我的订单"页面，收货后单击"点评"按钮即可进行点评，如下图所示。

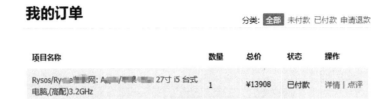

说明

用户可以选择满意度、选择是否愿意再消费，输入点评内容。用户点评后，操作的栏目从"点评"变更为"满意"，如下图所示。

社 区 系 统

社区系统最常见的功能就是设置社区框架、设置版主、内容发布、发布内容查询、回复信息、信息统计。

刚出博客系统的时候很热门，许多用户在大平台下建立个人博客或站长自行搭建个人博客系统。经过2年左右时间的运营，博客系统逐渐稳定，企业经常增加各种各样的功能，总之越来越烦琐。后来，在线用户越来越少，直到微型博客的出现，用户浏览信息和发布信息更快捷、更方便。

同理，社区系统目前也越来越复杂，所以使用的人也越来越少，直至轻社区系统的出现。轻社区系统削减了大量的功能，削减的功能变成了插件，站长可以选择性地安装插件。很多个人站长从社区系统的运营转化为轻社区系统的运营。

总而言之，用户端（C端）需要社区系统的功能简洁明了。管理端（B端）系统后台需要功能齐全、复杂，后台功能复杂才会拥有大量的数据信息和功能。这样的社区系统才是用户和企业所需要的系统。

11.1　设置社区框架

设置社区框架的概念

设置社区框架指的是管理员设置社区的版块名称和子版块名称，用户所看见的社区框架为管理员设置的版块名称和子版块名称。

适合范围

设置社区框架适合电商系统，CMS，OA系统，社交系统，博客系统，金融系统（银行、基金、证券），ERP进销存系统，CRM系统，协同管理系统，新闻系统，项目管理系统，Bug跟踪系统等。

目的

企业的目的：排序和显示社区的版块与子版块，帮助用户查看内容。版块的名称可以快速变更与管理。

前台和后台的关系说明

（1）后台页面：管理员设置版块和子版块的内容。

（2）数据库：系统更新数据库内容。

（3）前台页面：用户查看到版块和子版块的内容。

下图展示了前台和后台的关系。

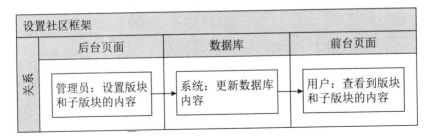

实例

前台页面如下图所示。

说明

设计区域分为两个版块：平面设计和交互设计。

后台页面如下图所示。

说明

1. 显示顺序：可以自由变更，前台页面的版块顺序也同步变更。数值越小，显示顺序越靠前。

2. 版块名称：指分区的名称和版块的名称。例如，分区设为"设计区域"，版块设为"平面设计"或"交互设计"。

3. 版主：指管理本版块的权限管理员，管理员可以添加、删除、查询版块的管理人员。

4. 编辑：版块的设置内容。

5. 删除：删除整个版块信息。

11.2　设置版主

设置版主的概念

设置版主指的是设置该版块的管理员，成为管理员后可以管理该版块的信息内容。

适合范围

设置版主适合电商系统，CMS，OA系统，社交系统，博客系统，金融系统（银行、基金、证券），ERP进销存系统，CRM系统，协同管理系统，新闻系统，项目管理系统，Bug跟踪系统等。

目的

企业的目的：可以快速指派管理员管理版块，使社区可以稳定地发展，给用户一些对学习有帮助的内容。例如，超级管理员指派用户hello管理交互设计的版块，交互设计版块有很多广告的内容，于是hello就可以对广告内容进行删除管理，使用户可以看到更多有帮助的交互设计内容。

前台和后台的关系说明

（1）后台页面：管理员设置版块的版主。

（2）数据库：系统更新数据库内容。

（3）前台页面：用户查看到版块和子版块的版主，有问题可以反馈给版主。

下图展示了前台和后台的关系。

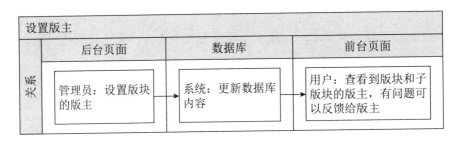

实例

后台页面如下图所示。

说明

在"交互设计"行单击"添加版主"按钮，显示设置版主的页面，输入用户名hello，单击"提交"按钮，如下图所示。

说明

单击"提交"按钮后，显示"版主设置更新成功"，如下图所示。

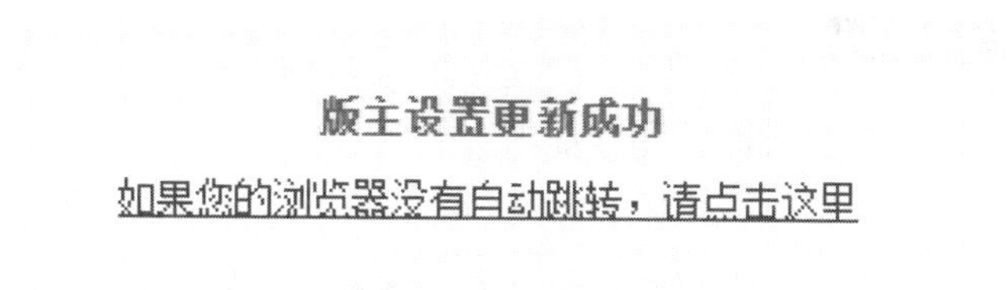

版主设置更新成功

如果您的浏览器没有自动跳转，请点击这里

（说明）

设置版主成功后，可见"交互设计"版块的版主已经显示版主为用户hello ，如下图所示。

11.3 内容发布

内容发布的概念

内容发布指的是注册用户在社区的版块里发布标题和内容，发布后所有权限的用户都可以查看到已发布的内容。

适合范围

内容发布适合电商系统，CMS，OA系统，社交系统，博客系统，金融系统（银行、基金、证券），ERP进销存系统，CRM系统，协同管理系统，新闻系统，项目管理系统，Bug跟踪系统等。

目的

企业的目的：希望用户发布更多的内容，用户和用户间资源共享，共同学习，共同进步。

前台和后台的关系说明

（1）前台页面：用户发布标题和详细内容的信息内容。

（2）数据库：系统更新数据库内容。

（3）后台页面：管理员对用户已发布内容的编辑、删除、修改的管理。

下图展示了前台和后台的关系。

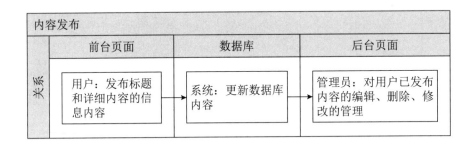

实例

前台页面如下图所示。

说明

单击"交互设计"按钮，即进入"交互设计"版块。

进入"交互设计"版块后，可见"交互设计"版块尚无主题内容，显示"本版块或指定的范围内尚无主题"，如下图所示。

说明

单击"发帖"按钮后，显示"发布帖子"页面，用户可以输入标题和内容，如下图所示。

说明

单击"发表帖子"按钮后，即可发布内容。

11.4　发布内容查询

发布内容查询的概念

发布内容查询指的是发布人和所有用户可以对已发布内容进行查询，包括查询主题和主题内容。

适合范围

发布内容查询适合电商系统，CMS，OA系统，社交系统，博客系统，金融系统（银行、基金、证券），ERP进销存系统，CRM系统，协同管理系统，新闻系统，项目管理系统，Bug跟踪系统等。

目的

企业的目的：用户有内容看，能够活跃在社区网站，共同学习。

前台和后台的关系说明

（1）前台页面：发布用户和所有用户查看到已发布的标题和内容。

（2）数据库：系统更新数据库内容。

（3）后台页面：发布用户可以编辑和回复主题内容。所有用户可以回复主题内容。

下图展示了前台和后台的关系。

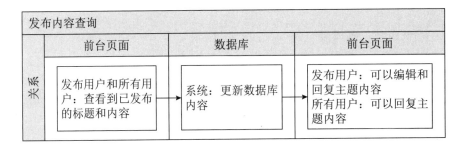

实例

前台页面如下图所示。

说明

发布成功后，所有用户可见"交互设计"版块的帖子。例如"12345的主题"的帖子。

单击"12345的主题"按钮后，显示该主题的详细内容。可见主题为"12345的主题"，内容为"12345的内容"，如下图所示。

12345的主题 [复制链接]

发表于 7 分钟前 | 只看该作者 | 倒序浏览   楼主 电梯直达 [　]

12345的内容

回复   编辑   举报

11.5　回复信息

回复信息的概念

回复信息指的是用户查看主题内容后，针对内容的回复信息。

适合范围

回复信息适合电商系统，CMS，OA系统，社交系统，博客系统，金融系统（银行、基金、证券），ERP进销存系统，CRM系统，协同管理系统，新闻系统，项目管理系统，Bug跟踪系统等。

目的

企业的目的：增加用户和用户之间的互动，使社区更加活跃。

前台和后台的关系说明

（1）前台页面：用户输入回复的内容。

（2）数据库：系统更新数据库内容。

（3）后台页面：用户查看到主题里的回复内容。（备注：所有权限用户都可查看到回复的内容和发布人账号名。）

下图展示了前台和后台的关系。

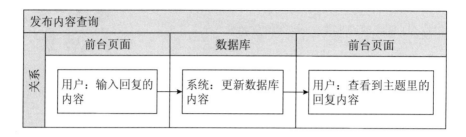

实例

前台页面如下图所示。

12345的主题 [复制链接]

☑ 发表于 7 分钟前 ┆ 只看该作者 ┆ 倒序浏览　　　　　　　　　　　　　　　　　楼主　电梯直达 [　] ⚲

12345的内容

回复　　编辑　　　　　　　　　　　　　　　　　　　　　　　　　　　　　举报

说明

其他用户登录系统后，进入内容页可看到"回复"按钮。

回复功能页面如下图所示。

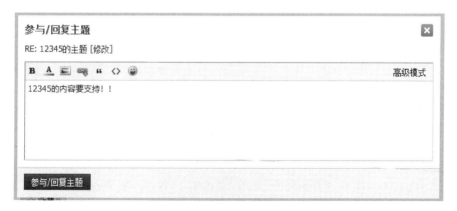

说明

　　1. 单击"回复"按钮后显示回复的页面。

　　2. 输入回复主题的内容，即可单击"参与/回复主题"按钮。

回复成功，显示的页面如下图所示。

　　发表于 刚刚　│只看该作者

12345的内容要支持！！

说明

回复成功后，在标题文章"12345的主题"里可见显示用户的回复信息。

11.6　信息统计

信息统计的概念

　　信息统计指的是主题数量、回复、浏览、最后发表时间的信息统计。

适合范围

　　信息统计适合电商系统，CMS，OA系统，社交系统，博客系统，金融系统（银行、基金、证券），ERP进销存系统，CRM系统，协同管理系统，新闻系统，项目管理系统，Bug跟踪系统等。

目的

　　企业的目的：管理内容员工的KPI指标，找到热门的内容，社区运营的规划。

实例

　　后台页面如下图所示。

最新主题数 3

	标题	版块	作者	回复	浏览	最后发表
☐	12345的主题	交互设计	cloudylin	1	2	2018-5-2 15:49
☐	文章1	平面设计	admin	0	2	2018-4-20 15:18
☐	文章1	平面设计	admin	0	2	2018-4-20 15:10

☐ 全选

1. 管理员可以查看到所有的标题。

2. 管理员可以编辑、修改、删除用户的帖子。

3. 管理员可以查看到每一个帖子的回复和浏览的数量。

第 12 章

个人站长的日常运营

个人站长通常运营的平台有博客平台、电商平台、社区平台等。

电商平台运营的12个步骤如下。

◆ 数据备份：站长制定备份的周期。如1天、1周、1个月、2个月、3个月的备份制度。

◆ 进货：站长的电商平台系统想卖什么商品，站长自己有什么优势的货源、熟悉什么商品、对什么感兴趣，综合考虑这些因素就可以进货了。

◆ 拍摄：站长拍摄商品的图片，展示给买家看。

◆ 图片后期处理：站长把拍摄的图片进行处理。

◆ 发布商品：站长把处理好的商品图片和文字说明发布到系统中，让买家可以查看。

◆ 查询买家信息：当有买家购买了商品，站长需要查询买家的收货信息，并和买家沟通。

◆ 发货：确认收货地址无误后，站长可以联系快速公司发出货物，发出货物后要将单号录入系统。

◆ 数据分析：对系统的购买用户数据进行分析，采购更多这群用户喜欢的商品。

◆ 活动促销：站长的网站运营得不错，有点收入了，可以通过活动进行促销以留住买家。

◆ 市场推广：站长的网站收入较稳定后，可以进行市场推广。

◆ 数据恢复：网站扩展太快，程序系统容易出现问题，这时需要发挥数据备份的作用。站长还原数据即可恢复数据。

◆ 服务器被攻击分析日志：程序系统出现了问题，查看log日志，分析服务器是否被攻击。

本章详细介绍作者个人运营电商平台的全过程。

12.1 数据备份

12.1.1 使用系统程序备份

系统程序备份指使用程序里的备份功能进行备份，建议每天备份一次。

数据备份过程如下。

1. 使用管理员账户登录网站后台，进入程序的"数据库备份"页面。

2. 选择"备份全部数据表中的数据到一个备份文件"，勾选"分卷备份"复选框，输入2024，选择"备份到服务器"，如下图所示。

3. 为什么要分卷备份呢？因为有些服务器只支持上传2MB以内的附件。

数据库备份

分类：**数据库备份** 数据库恢复

备份方式：

◉ 备份全部数据表中的数据到一个备份文件

◯ 备份单张表数据 | 请选择数据表 ▼ | 备份单独的数据表到备份文件

提示信息：
服务器备份目录为 include/data
对于较大的数据表，强烈建议使用分卷备份
只有选择备份到服务器，才能使用分卷备份功能

使用分卷备份：

☑ 分卷备份 2024 K

选择目标位置：

◉ 备份到服务器

◯ 备份到本地

备 份

4. 单击"备份"按钮后，即进行备份，备份完成则提示备份成功。

5. 使用FTP软件，进入服务器端查看备份文件是否存在。若存在则备份成功。（备注：备份成功不代表100%能还原使用。）

也可以从程序的"数据库恢复"页面，单击"请选择文件"下拉按钮查看是否存在备份的文件，如下图所示。若存在则备份成功。

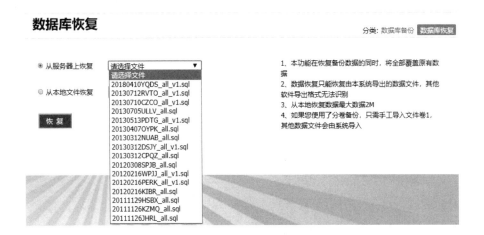

12.1.2　使用FTP软件备份

使用FTP软件备份分为完全备份和差异备份两种。

完全备份指备份所有电商程序文件和数据库文件。建议1个月备份一次。

FTP软件的功能界面如下图所示。

把上图中右边服务器的文件拖至左边本地计算机，即将备份程序文件下载到本地计算机。

程序文件通常位于www文件夹里。

把右边服务器的数据库文件拖至左边本地计算机，即将备份数据库文件下载到本地计算机，如下图所示。

数据库常见的位置为：../usr/local/mysql/var/ 或 ../mysql\mysql5.7.14\data\。

数据库文件通常位于data文件夹里。

差异备份指只备份有变更的电商程序文件和数据库文件。例如，图片文件夹和数据库文件，如下图所示。每个程序的图片文件夹存放的位置均不一致。

图片文件夹的常见命名为：images或image。

建议个人站长1周备份一次。

12.2　进货

进货：指商家采购商品。

进货渠道：其他国外和国内电商网站。

例如采购鲜花、手机壳、创意商品。

12.3　拍摄

拍摄：商品收货后，站长拍一些商品的照片。

器材：相机和镜头。

摄影棚场景：灯、桌、背景布、道具、三脚架、水管、夹子等。

拍摄示例如下图所示。

12.4　图片后期处理

图片后期处理指的是把不是特别好看的图片，通过Adobe Photoshop软件美化，如下图所示。

备注：拍摄环节如果器材和环境、用光都较好，后期处理可以节省很多时间。

12.5　发布商品

登录电商系统，按系统要求发布商品。发布后，用户就可以查询站长发布的商品了。

案例如下图所示。

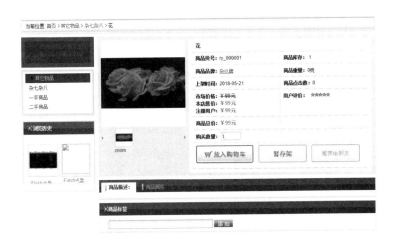

说明

　　站长按电商系统要求填写商品的信息内容。输入的内容包括商品名称、商品货号、商品分类、扩展分类、商品品牌、本店售价、上传商品图片、上传商品缩略图等，如下图所示。

说明

　　发布商品成功后，站长可见商品的信息。信息内容包括编号、商品名称、货号、价格、上架、精品、新品、热销、推荐排序、库存、操作，如下图所示。

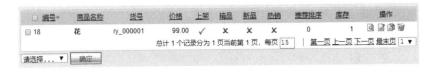

说明

　　平台的所有用户可见商品的详细信息，证明站长发布商品成功了，站长发布商品后，需要复查价格和商品的信息内容，以保证信息无误。

12.6　查询买家信息

查询买家信息的功能界面如下图所示。

说明

　　站长需要每天进入系统查询订单。可见订单状态未确认/已确认、未付款/已付款、未发货/已发货。当订单状态为已付款，站长需要给用户发货。

12.7　发货

商家发货的功能界面如下图所示。

说明

　　当订单状态为已付款，站长填写快递单，包装好商品，发货给买家。

　　发货后，站长记得进入系统填写发货单号的信息。

12.8　数据分析

数据分析的功能界面如下图所示。

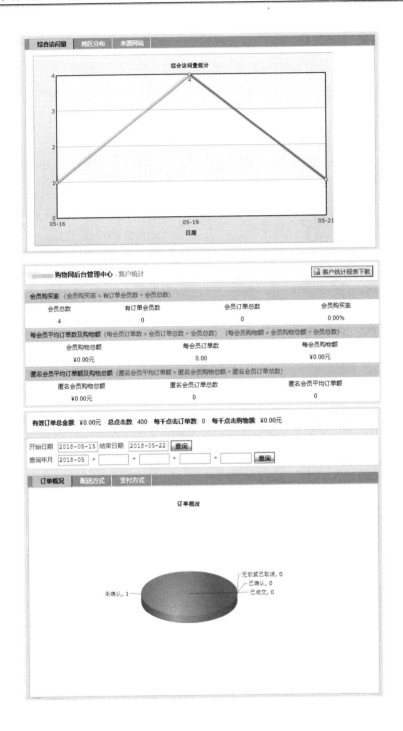

 说明

目前，互联网的电商系统自带的数据分析功能都比较齐全，不需要站长自己一条一条地进行数据分析。查阅系统自动分析生成的数据内容，站长可以决定平台的运营方向、采购方向、市场方向。

12.9　活动促销

活动促销的功能界面如下图所示。

说明

　　站长想做活动促销，可以增加商品页功能。在编辑商品页，增加促销价和促销日期功能。站长输入促销价和促销日期，当前日期在促销日期时间范围内，则系统自动按促销价销售该商品，如下图所示。

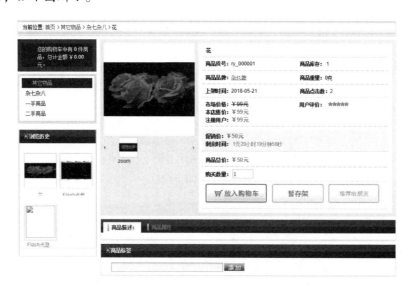

说明

在促销的时间范围内，所有用户可见的促销价为50元。

12.10 市场推广

市场推广的功能界面如下图所示。

友情链接交换：刚开始运营电商平台时可以与网站交换友情链接，共同发展。友情链接位置通常在网站首页的底部或右侧导航栏。

购买广告：站长觉得网站较稳定，收入增加，可以支付广告费购买广告。

免费的推广方式带来很少的流量和销量，只有付费购买广告，懂得钱生钱的道理，才能与市场共同快速发展。

曾经有企业的网站服务器架构较差，运营和市场人员做了500万元的推广，引来了大量的用户，但由于流量太大，导致网站服务器崩溃。后来网站修复了，500万元的推广费也没了，最后网站的用户量也没增加多少。站长要衡量自己的网站服务器能承受多少流量来进行推广。

12.11 数据恢复

数据备份完成后，尤其数据较大的备份文件，在本地测试服务器上要进行恢复测试。

扩展太快、程序系统出现问题、被黑客修改数据了，这时就发挥数据备份的作用了，站长进行数据恢复即可解决。

数据恢复一般情况很少用，但是如果需要用且能用上，就能解决大问题。

12.12　服务器被攻击日志

服务器被攻击日志的功能界面如下图所示。

说明

1. 进入服务器中，可以查看日志分析。

2. 个人站长没有太多的时间每天都查看和分析日志。一旦网站出现了问题，要懂得查看日志分析。

第13章
互联网平台运营文档

国家的运营，使人们能有序地发展和劳动。人们通过劳动可以获取货币，货币可以交换商品。通过这样的循环关系，人能生存，行业能兴旺，国家就有税收运营。

同理，一个互联网平台的运营也使平台用户和管理员能有序地发展和劳动。

人们通过其他行业的劳动可以获取货币，货币可以交换互联网平台的商品或服务。通过这样的循环关系，购物用户能获得商品或服务，商家能获得劳动报酬，互联网平台就有广告费和服务费、商品销售等收入，使互联网平台能运作经营。

互联网平台从0到1，数一数有什么运营文档。

产品产出前：一个互联网平台刚成立，产品为0。运营人员需要出具可行性分析报告，待企业管理层同意战略可行。运营人员需提交需求给产品人员和技术人员，那么就有需求文档。

产品产生中：产品在开发过程中，运营需要整理合同文档给技术部门或外部合作方，例如，注册协议、平台使用协议、支付协议、合作协议等。

产品产生后：平台上线，正式运营。运营人员需一边使用平台系统，一边撰写平台系统操作文档，文档能使新入职的运营人员看懂和使用平台系统。新平台，人气不足和内容不足需要推广平台，运营人员需要撰写推广计划书、文案、与第三方签署的合作协议、盖章协议文件存档。平台开始人气旺了，开始有广告位了，那么就有运营广告报价表。平台撰写文章内容的人少，就可以吸引自媒体人员来撰写，那么就有自媒体协议。平台开始要做点活动留住人气，那么就有活动文档。平台越来越火，不少人要代理，就需要有授权书。按照线上和线下的盈收，还需要盈收报表、运营报表、各种计算公式规则。运营总监和运营经理需要制定运营指标和规则，让运营成员执行。

由此可见，运营文档包括需求文档、可行性分析报告、合同文档、平台操作文档、推广计划书、文案、签署的合作协议、广告报价表、运营活动文档、授权书、盈收报表、运营指标文档、运营规则文档等。

以下为各种运营文档的案例，仅供参考，根据实际的需求，可以增加或删除相关的内容。

13.1　需求文档

运营的需求文档可能会有流程类、规则类的需求文档。产品经理后续将运营的需求文档转化为系统产品的需求文档。

运营文档要输出成什么样才可以？具体需要视企业软件项目采用瀑布模型、增量模型、螺旋模型、喷泉模型、敏捷模型、原型模型、混合模型中的哪一种而定。

流程类

业务给的流程通常是怎样的呢？

作者常见业务部门提交的需求说明如下所示。

目前流程是：

1.张××上传了一个图片。

2.李××可以查看图片。

3.林××不可以查看图片。

希望改变为流程是：

1.张××上传了一个图片。

2.李××可以查看图片。

3.林××可以查看图片。

运营人员和产品经理通过沟通，了解到系统中的李××和林××的组成员都没有其他成员，运营经理可以在后台把林××的权限设置为可查看即可。

规则类

关于规则类的需求，一般用户在程序页面上查看不了规则过程，用户只能查看到结果。

例如，员工薪酬计算器系统。

用户在系统输入税前工资金额、五险一金、起征点，可以计算出员工税后的薪酬，如下表所示。

级数	应纳税所得额X	税率/%	速算扣除数/元
1	$0 < X \leqslant 1500$	3	0
2	$1500 < X \leqslant 4500$	10	105
3	$4500 < X \leqslant 9000$	20	555
4	$9000 < X \leqslant 35\,000$	25	1005
5	$35000 < X \leqslant 55\,000$	30	2755
6	$55000 < X \leqslant 80\,000$	35	5505
7	$X > 80\,000$	45	13\,505

工资、薪金所得个人所得税计算公式：

应纳税所得额=税前工资-五险一金-起征点

应纳个税=应纳税所得额×税率-速算扣除数

税后工资=税前工资-五险一金-应纳个税

案例：税前工资金额10 000元，五险一金2500元，起征点3500元。（注：这里是模拟数据。）

通过计算，应纳税所得额4000元，属于级数2，所以税率为10%，速算扣除数105元，应纳个税295元，税后工资7205元。

运营人员和产品经理沟通后，输出系统原型图，如下图所示。

通过上述公式和原型，薪酬个人税后工资计算器系统即可开发。

13.2　可行性分析报告

问：可行性分析报告有什么作用？

答：在大型的企业中，从0到1制作系统必须要有可行性分析报告。公司根据可行性分析报告，考虑是否出资金开展项目。由此可见，可行性分析报告起到了项目开展和融资的作用。

有一份良好的可行性分析报告，发起人即可以轻松地开展项目和融资，也使得企业管理人员开展项目前可以了解项目的可行性，提前为企业拓展业务和提出需求，投资用户也了解项目的风险和收益。

问：什么人员撰写可行性分析报告？

答：可行性分析报告一般由外部专业分析企业机构和企业内部的战略部、市场部、运营部的人员撰写。

例如，互联网运营总监想到一个较大的项目或合作，涉及金额较大，必须向管理层申报。互联网运营部门需要形成一份可行性分析报告，等待公司的管理层审批，审批通过后该项目即可获得资金和人力等资源。

问：可行性分析报告包括哪方面的内容呢？

答：通常可行性分析报告的内容包括：企业基本情况、同行业的概况、项目可行性分析、总结。

以下为可行性分析报告的框架模板。

深圳市××有限公司
××项目
可行性研究报告

一、企业基本情况

1.企业概况

公司名称：深圳市××公司

住所：深圳市南山区××大厦××室

法定代表人：张××

股票简称：××科技

股票代码：00088×

经营范围：投资管理、投资顾问、股权投资、企业管理、企业资产的重组、并购策划、财务信息咨询。

2. 财务概况

××××××的内容

（以上数据由深圳××会计师事务所审计）。

3. 业务经营情况

××××的内容。综合以上，公司账户上的较多资金躺在账户上，使得资金流性较低。

二、同行业的概况

1. 中国信贷的市场

××××××的内容

（来源：www.×××.com）

2. 国外信贷的市场

××××××的内容

（来源：www.×××.com）

3. 中国投资理财和小额贷款的市场

××××××的内容

（来源：www.×××.com）

4. 中国互联网的市场

××××××的内容

（来源：www.×××.com）

三、项目可行性分析

1. 项目背景

××××××的内容

2. 项目建设基本情况

××××××的内容

3. 销售模式

××××××的内容。

4. 业务模式

×××××的内容。

5. 物业合作方式

本项目各门店的物业合作方式主要为：×××××的内容。

6. 项目实施主体

××××××的内容。（以上数据经××会计师事务所审计）。

7. 竞争优势

××××××的内容

8. 项目前景发展

××××××的内容

四、总结

×××××的内容。

由此可见，本次募集资金拟投资项目可行。

深圳××有限公司

董事会

二〇一八年十月十日

以上为可行性分析报告的模板框架案例，仅供参考。

13.3　合同文档

合同文档包括注册协议、隐私权保护声明、平台服务协议、支付协议、合作协议等。

银行的注册协议示例模板如下。

××个人网上银行/手机银行服务协议

欢迎使用××银行个人网上银行/手机银行服务。

本着平等互利的原则，为明确双方的权利和义务，规范双方业务行为，用户与××银行就注册相关事宜达成本协议。用户注册前应该认真阅读本协议，并且必须完全同意所有服务条款并勾选完成注册程序，才能成功成为××银行个人网上银行/手机银行的注册用户。

第一条　服务内容

××银行借助互联网及移动互联网技术为个人用户提供金融服务，包括个人网上银行及其他业务和功能的相关网页、快捷支付功能、手机银行（包括但不限于手机银行及与其业务和功能相关的网页、APP客户端、PAD客户端等软件）。

第二条　双方的权利和义务

2.1 用户必须遵守《全国人民代表大会常务委员会关于维护互联网安全的决定》及中华人民共和国其他各项有关法律法规，一切因用户本人的行为而产生的法律责任均由用户本人承担。

2.2 用户在注册时需要提供手机号码作为登录用户名，日后如有变更，为了您的账户资金安全，请及时变更登录新手机号。用户提供的手机号码若未及时更新，××银行保留随时终止用户登录资格及使用各项服务的权利。

2.3 用户应设置安全性较高的密码，避免使用简单易记的密码或容易被他人猜测到的密码。建议使用大写字母、小写字母、数字、符号混合而成的密码。

2.4 凡使用正确的登录用户名、登录密码进行的操作，××银行均视作用户本人操作。用户应妥善保管登录用户名和登录密码，并保证无论何种情况下都不会提供给他人使用，或因保管不当、密码泄露等原因而被他人使用，造成纠纷或损失的，由用户自行承担法律责任。建议用户使用一段时间后，修改未曾使用过的密码。

2.5 用户在使用个人网上银行/手机银行服务时，××银行会获取设备的相关信息（如地理位置、设备 ID 等），××银行确认获取的信息仅用于保障账户资金安全，不做其他用途，不向任何第三方提供。

第三条　协议的终止

3.1 本银行有权利随时增加、减少、中止或撤销个人网上银行/手机银行服务或服务的种类，无须预先通知客户，银行不承诺保持任何一项功能或服务不停止或不中断。

3.2 用户和本行均有权随时终止本协议：用户终止协议，须在网上撤销原用户号，银行终止协议必须在网上银行主页向用户公告。协议终止并不意味着终止前所发生的未完成指令的撤销，也不能消除因终止前的交易所带来的任何法律后果。

3.3 若用户的账户涉及洗钱、诈骗或违反银行内部合规政策，我行有权直接终止其网上银行服务而无须事先通知用户。用户因此所遭受的一切损失（不论直接或间接导致），本行概不承担任何责任。

第四条　法律适用和争议解决

4.1 本协议受中国法律管辖，应依中国法律进行解释。本协议是对用户与本行的其他既有协议和约定的补充而非替代，如本协议与其他既有协议和约定有冲突，就使用个人网上银行/手机银行服务而言，应以本协议为准。个人网上银行/手机银行服务中发生的电子凭证和交易记录是确定交易效力的真实和有效的依据。

4.2 用户和本行在履行本协议的过程中，如发生争议，应协商解决；协商不成的，可向本行所在地人民法院提起诉讼。

第五条　风险提示及安全常识教育

5.1 用户在使用个人网上银行/手机银行服务过程中，可在本行允许的范围内在网上修改个人资料，但用户需对修改所造成的损失和风险承担责任。

5.2 用户不得在个人网上银行/手机银行内发送与个人网上银行/手机银行业务无关或破坏性的信息，否则，由此造成的风险和损失由用户自行承担。对造成本行损失的，本行有权对用户进行索赔。

5.3 用户应采取安装防病毒软件或安装电脑系统安全补丁等合理措施，防止个人信息被盗或泄露；用户同时应尽到合理注意义务，在安全的环境中使用个人网上银行/手机银行。

5.4 用户交易产生的风险由用户自行承担，用户对其发布的信息承担全部责任。

第六条　协议生效及其他

6.1 本协议的任何条款如因任何原因而被确认无效，都不影响本协议其他条款的效力。

6.2 本协议经用户在本行提供的个人网上银行/手机银行单击"注册"后即时生效。用户注册个人网上银行/手机银行的行为即为用户对本协议的有效签署行为，具有法律上的效力。用户完全认同本条的协议签订方式及其法律效力。

6.3 ××银行对本协议具有最终解释权。

第七条　青少年用户特别提示

7.1 青少年用户必须遵守全国青少年网络文明公约。

7.2 要善于网上学习，不浏览不良信息；要诚实文明交流，不侮辱欺诈他人；要增强自我保护意识，不随意转账给网友；要维护网络安全，不破坏网络秩序；要有益身心健康，不沉溺虚拟网络世界。

以上注册协议合同文档的模板案例，仅供参考。

13.4　平台操作文档

平台操作文档是教用户如何使用平台的功能。运营人员如果懂得利用资源，可以查看产品经理的需求文档或原型，然后自己根据产品文档实际操作一遍系统，截图和写下说明。

系统登录文档示例如下所示。

（1）登录网站首页www.xxx.com，如下图所示。

（2）单击右上角的"登录"按钮后，显示用户登录页面，如下图所示。

（3）输入正确的账号和密码，并单击下方的"登录"按钮，如下图所示。

（4）单击"登录"按钮后，系统自动验证，验证成功，按钮显示"登录成功"，如下图所示。

（5）登录成功后，系统自动返回网站首页，如下图所示。

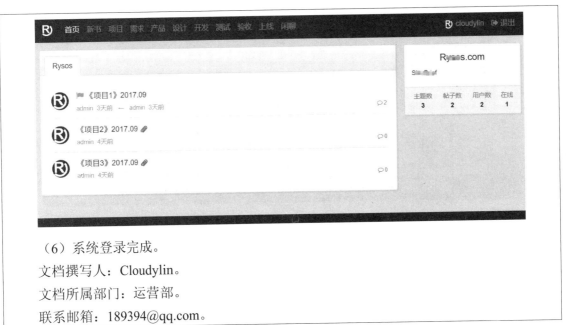

（6）系统登录完成。

文档撰写人：Cloudylin。

文档所属部门：运营部。

联系邮箱：189394@qq.com。

说明：留下联系方式的目的是如果用户发现错误，可联系撰写人修正。

13.5 推广计划书

推广计划书通常会有以下3种。

◆ 由运营专员撰写给运营经理的推广计划书。

◆ 由运营经理撰写给运营总监的推广计划书。

◆ 由运营总监撰写给管理层的推广计划书。

如何区分3种情况呢？

通常企业会以金额的大或小来区分，例如：

◆ 通常运营经理可以审批小金额的推广计划。例如，1万～5万元（含）的推广项目。

◆ 通常运营总监可以审批中等金额的推广计划。例如，5万～10万元（含）的推广项目。

◆ 通常管理层可以审批巨大金额的推广计划。例如，10万元以上的推广项目。

运营撰写的推广计划书，后续由市场人员执行计划。

运营推广计划书示例模板如下。

××短视频手机应用项目推广计划书

一、背景浅析

××企业短视频手机应用刚上线，用户量较少，知名度不高。在行业内的同行企业中，虽然其他企业的短视频应用技术和功能都不如我们的企业，但它们运营时间长，用户量稳定，而且经营模式和功能模式相互效仿，用户在选择上肯定选择较大的短视频企业注册并使用。……

二、目标群体

互联网80%用户年龄段在18～35岁；

……

三、消费趋势分析

消费趋势如右图所示。

……

四、推广的目的

通过口碑推广战术，使用户和用户间互动、效仿，最后引来更多的注册用户。

目前注册用户100人，期望提升到注册用户5万人。

……

五、推广方案

××企业的视频推广，采用口碑推广方案。

优势：口碑推广，能够使用户在平台间互动。

劣势：竞争激烈，其他企业抄袭效仿快。

……

六、推广计划

推广计划如下表所示。

阶段	任务	推广方式	时间	执行人员	资金/万元	备注
一	教人整理衣柜	视频	2018.05—2018.06	市场部	50	艺人张××
二	教人安装系统	视频	2018.05—2018.07	市场部	50	艺人李××
三	教人唱××歌	视频	2018.07—2018.08	市场部	60	艺人陈××
四	教人系鞋带	视频	2018.07—2018.08	市场部	90	艺人刘××

每个短视频需要寻找1～2名知名艺人录制，10～100名普通用户录制。预计后续有1000～2000个视频用户效仿。

七、商业模式

1. 广告收入：预计每月广告收入1000万元。

2. 视频购物：预计每月服务费收入500万元。

……

13.6 文案

互联网平台的运营部和市场部是有区别的，运营部管理平台的计划、组织、实施和控制，市场部管理平台的推广、公关、活动。简单来说，运营部管理的是平台内部，对内部人员沟通较多。市场部管理的是平台外部，对外部人员沟通较多。

互联网平台运营与管理的对象是运营过程和运营系统。

例如，运营专员撰写了一个文案，运营专员组织公司内部人员执行；市场专员撰写了一个文案，市场专员组织公司外部人员执行或自己执行。

由于很多企业的运营和市场都会混起来操作，领导觉得都是反正有人做就好了。不像财务的会计和出纳，有企业规范，需要专岗专职，必须分离。

13.6.1 市场的广告标题文案模板

市场的广告标题文案模板如下。

1. 你这辈子，有没有为_____拼过命

2. 确认过_____，我遇上对的_____

3. 如何快速地吃_____

4. 年薪赚_____万的方法

5. _____是最美的地方

6. 投资_____万元，赚_____万元

7. _____的秘密

8. 获得_____，便能_____

9. ____和_____最好

10. 要想_____，首先你得_____

11. 为什么越来越多的_____，不再_____

12. _____天改变_____

13. 计划最完美的_____

14. _____改变_____

15. _____的游戏；

16. 最漂亮的100个_____

17. 遵循_____

18. 你执着地____却不曾_____

19. 很少人知道的____方法

20. _____个成功的方法

21. 没有_____的才华，如何做出_____的效果

22. _____是如何做用户增长的

23. 没有_____，就没有_____

13.6.2　邮箱订阅的推送文案模板

邮箱订阅的推送文案示例效果如下图所示。

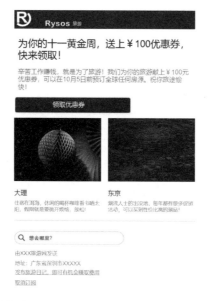

以上订阅模板示例仅供参考。用户订阅后，企业的邮箱会定期推送文案发送给用户邮箱。

常见的发送订阅邮件的场合有如下几种。

（1）节假日，例如，五一劳动节、国庆节、双十一、双十二。

（2）企业发布新品，例如，推送新商品或新服务，让用户知道。

（3）企业商品降价促销，例如，在淡季、商品尾货清货等场合。

（4）企业发布会等，例如，企业一年一度的发布会。

（5）特殊日子，例如，用户的注册日、用户的生日。

13.7 签署的合作协议

互联网运营部门与第三方签署的合作协议，通常为与平台相关接口的协议。如短信接口、第三方支付企业、实名认证接口等。

协议的相关内容需要运营人员和法务人员沟通，由法务人员撰写。

为求效率，运营人员可以找到模板修改，再发给法务人员修改。

合作协议示例模板如下。

×××合作协议

甲方：×××	乙方：×××
代表：×××	代表：×××
地址：×××	地址：×××
电话：×××	电话：×××

前言

1.甲乙双方都是依据中国法律合法设立并有效存续的公司，具有独立承担……

2.本协议由正文和附件组成。正文和附件均构成本协议不可分割的协议内容。……

3.本协议正文、附件及对其补充、修改的文本内容，经甲乙双方协商同意。……

4.甲乙双方在未来合作开展本协议项下项目以外的其他项目合作，则甲乙双方……

总则

甲乙双方本着平等互利、优势互补、注重效率和服务的原则，拓展××××××项目在互联网中广泛应用，以实现共同营利为基础，签署本协议。双方应当以合作原则为根本出发点及合作目的，诚实信用地行使权利、履行义务。

……

甲方权利及义务

风险提示：应明确约定合作各方的权利和义务，避免在合作中出现纠纷的情况。

1. 甲方保证……

2. 甲方制定……

3. 甲方负责……

4. 甲方应提供……

5. 甲方有义务……

6. 甲方不得销售任何假冒或仿制的商品……

7. 甲方在销售活动中不得损害……

乙方的权利及义务

1. 乙方拥有……

2. 乙方负责……

3. 乙方应确保……

4. 乙方保证……

5. 乙方应提供……

6. 乙方销售……

合作项目收益分配

1. 甲乙双方同意进行产品销售利润……

2. 甲乙双方……

业务运营和客户服务

1. 市场推广包含以下内容。

（1）广告推广：乙方可通过实体地铁、公交车站等各种合法的途径进行业务推广。

（2）其他推广：乙方可……

2. 甲乙双方应当建立项目执行小组，包括以下人员。

（1）项目经理：负责合作期间的项目协调。

（2）编辑：负责××××编辑。

（3）技术：乙方技术人员负责向甲方提供×××××××运营数据。

（4）客服：甲乙双方共同制订官方××××××客户服务规范。

（5）财务：甲方财务人员负责定期对×××对账、结算，确认乙方分成金额。

知识产权

1. 本协议约定的×××项目涉及的著作权、商标权、专利权以及其他知识产权完全归属甲方所有，乙方保证乙方及其关联公司、关联人，不会侵犯甲方所拥有的知识产权的合法权益。

2.乙方及其关联公司、关联人除商品提供方外的合作伙伴外，承诺其不会××××。

协议期和解约

1. 本协议的协议期：本协议为自双方签字盖章日起生效，有效期为三年。

2. 续约：……

3. 解约：协议期内，如有以下情况可提前解除本协议

保密条款

1.本协议所称保密信息是指……

2.本协议有效期内，任何一方均不应向任何第三方披露、泄露或提供保密信息……

3.甲乙双方应采取适应措施妥善保存对方提供的保密信息……

4.上述限制条款不适用于以下情况：……

赔偿损失

1. 因甲乙双方其中一方违反本协议约定，使对方或第三方造成损失时，应……

2. 因中断业务，给用户造成损失时……

3. 依据本协议规定的解约原因行使解约权的一方，不向对方承担……

其他

1.本协议期满后，保密条款和赔偿损失条款仍继续有效。

2. 本协议的所有权利和义务，未经对方书面同意，不得转让给第三方。

3. 因不可预见、不可避免及不可克服等不可抗力事件，造成不能正常履行本协议……

4. 本协议的争议，如双方协商不成，可向××仲裁委员会申请仲裁解决。

5. 本协议约定项目与××签订的协议或合同自动作为本协议附件。

6. 甲乙双方本着诚信的原则履行本协议。本协议制定×份，双方各持×份。

7. ……

甲方   乙方

法定代表人/授权代表   法定代表人/授权代表

盖章   盖章

日期   日期

备注：以上合作协议的模板案例，仅供参考。

13.8　广告报价表和相关表

系统平台哪些位置可以放置广告，由运营人员定。

市场人员按运营提供的广告位置，可以制定广告报价表和寻找客户。

1.×××互联网平台广告报价单

从下图可知，客户清晰地知道广告详细位置、广告尺寸、报价等内容。

×××互联网平台广告报价单							
广告编号	页面位置	详细位置	位置图片	链接	广告尺寸	报价（含税）	备注
1	官网首页	顶部		http://www.	1000*250	￥50000/天	不得放烟、酒广告
2	汽车频道首页	底部		http://www.	88*31	￥300/天	只可以放汽车及配件相关广告

2.××活动的上架信息

从下表可知，客户购买了广告，运营人员和市场人员需要统计广告上架信息，让内部人员都知道执行人是谁，管理到位。

项目号	预计上架时间	实际上架时间	缩略图	排序	上架人
1	2017-08-08	2017-08-08 15：00		1	张某某
2	2017-08-09	2017-08-09 15：00		2	李某某

3.××活动的内容详细信息

从下表可知，发布广告后广告的详细样式。

项目号	标题	单击banner链接的网址	banner的图片地址
1	××劳动节活动	http：//www.xxx.com/huodong1	http：//www.xxx.com/1.jpg
2	××圣诞节活动	http：//www.xxx.com/huodong1	http：//www.xxx.com/2.jpg

4.××活动的广告跟踪

下表所示为2017-08-10的分析，由此可知，运营人员需要根据网站广告，输出分析报告。

项目号	单击率/次	卖出金额/元	消费人数/人	卖出数量	产品单价/元	转化率/%
1	1000	1 050 000.00	200	200	5 250.00	20
2	2000	50 000.00	200	200	250.00	10

转化率公式：转化率=（转化次数/单击率）×100%

5.××活动的补货通知

下表所示为2017-08-10的补货通知，由此可知，如果是内部的广告推广，那么可以整理出销售量和库存量，通知采购人员补货。

项目号	剩余数量	需补货数量	补货后数量	采购人员	采购进度	预计到货
1	1000	1200	2200	朱某某	已采购	2017-08-12
2	500	1000	1500	陈某某	已采购	2017-08-12

6.××活动的盈利（按天、按周、按月、按季度、按年的计算）

下表所示为2017-08-10的活动盈利情况，由此可知，通过广告的推广活动的盈利。

项目号	产品单价/元	每件采购价格/元	每件利润/元	卖出数量	总利润/元
1	5 250.00	4 000.00	1 250.00	200	250 000.00
2	250.00	150.00	100	200	20 000.00
合计：					270 000.00

13.9 运营活动文档

在大学刚毕业后，很多人感觉数学都白学了，工作中都用不上。其实不是用不上，是不懂学以致用。

例如，A酒店有100间客房，每间客房每天100元，每天租满，酒店的销售额度为10 000元。没有储备房间。

A酒店有100间客房，每间客房每天110元，每天租满，酒店的销售额为11 000元。没有储备客房。

A酒店有100间客房，每间客房每天200元，每天只租出90间客房，酒店的销售额为18 000元，同时还有10间客房做储备。

A酒店有100间客房，每间客房每天400元，每天只租出50间客房，酒店的销售额为20 000元，同时还有50间客房做储备。

A酒店有100间客房，每间客房每天400元，每天只租出50间客房，酒店的销售额为20 000元，同时还有50间客房做储备。但是半夜再租出10间储备房，增加销售额4000元，总计销售额为24 000元，剩下40间客房储备。

可见运营活动不是必须要花很多钱做推广，才能增加销量赚到利润。通过简单的数学规则，制定运营活动规则，即可赚取更多利润。

A酒店运营人员记录的数据如下表所示。

序号	房间总量	已租数量	未租数量	日期	租金/元	销售额/元
1	100	100	0	2018-09-24	100	10 000
2	100	100	0	2018-09-25	120	12 000
3	100	95	5	2018-09-26	120	11 400
4	100	90	10	2018-09-27	140	12 600
5	100	40	60	2018-09-28	140	5600
6	100	80	20	2018-09-29	120	9600

说明

1. 2018-09-24，A酒店有100间客房，每间客房的租金为每天100元，租满了。

2. 运营适当上浮价格，每间客房的租金为每天120元，也租满了。

3. 运营人员发现，销售额少了600元，但有5间储备房。

4. 运营人员发现，租金上升到每天140元，销售额多了，为12 600元，另外还有10间储备房。

5. 运营人员发现，未租房间数量过多了，就可以采取租金降价，进而提高销售额。

6. 租金降价后，销售额9600元，销售额变多了。

记住，规则是活的，要根据实际运营情况，查看实际数据，分析和调整规则。

酒店的运营就是对上述几种方式进行调整与管理。

13.10 授权书

当甲方与乙方合作进行推广，平台方需要与甲乙双方签订授权书，保证双方的利益和合作关系。

以下为授权书的模板。

授权书

甲方（授权人）：＿＿＿＿＿＿＿   乙方（被授权人）：＿＿＿＿＿＿＿

身份证号码：＿＿＿＿＿＿＿   身份证号码：＿＿＿＿＿＿＿

联系电话：＿＿＿＿＿＿＿   联系电话：＿＿＿＿＿＿＿

联系地址：＿＿＿＿＿＿＿   联系地址：＿＿＿＿＿＿＿

授权人特此授权被授权人，按照本授权书约定享有相关权益。

一、授权内容

甲方是＿＿＿＿＿＿＿（简称"许可物"）的所有权人、原创人、著作权人，并且，依家享有转授权的权利。甲方同意授权乙方以下第_____条所述权益。

1.1 委托乙方作为甲方的广告代理公司，乙方有权以甲方的名义，通过各类媒体为甲方产品服务、品牌以及相关活动等进行推广。

1.2 委托乙方作为甲方的广告代理，有权以乙方的名义或以甲方名义（包括但不限于提交甲方资料为甲方注册×××平台账户），通过各类媒体为甲方产品、服务、品牌以及相关活动等进行推广。同时，有权利以甲方名义开通的账户进行维护、充值和投放广告等。

1.3 乙方在为甲方产品、服务、品牌以及相关活动等进行推广时，有权使用与甲方相关的广告素材（包括但不限于音频、视频、Logo、配色、图片、文字等）、网站等信息。

1.4 授权乙方依法运营许可物，并有权通过各类媒体为许可物进行推广。

二、授权性质

授权性质为第_____项。

2.1 非独家授权，乙方不得转授权。

2.2 非独家授权，乙方可以转授权。

2.3 独家授权，乙方可以转授权。

三、授权期限和区域

自_____年_____月_____日起至_____年_____月_____日止，授权区域为_____范围。

四、其他

4.1 双方均承诺上述内容真实、合法、有效，并愿意承担与之相关的全部责任。

4.2 双方同意并确认，××有限公司无法随时核查甲乙双方的授权关系的有效性，乙方应当自觉依照本授权书的内容行使权益，包括但不限于在授权期限内、授权区域内行使权益。若双方授权内容发生变化，双方其中一方应该以书面形式通知另一方和××有限公司。

4.3 若乙方存在违反本授权书约定的侵权或越权行为的，甲方应当直接追究乙方责任，任何一方均不得以任何理由追究××有限公司责任。但是××有限公司在接到任意一方需求时，应当及时将有争议的广告和推广内容进行下架、下线处理。

甲方（授权人）：　　　　　　　　　　　　乙方（被授权人）：

（签名/盖章）　　　　　　　　　　　　　（签名/盖章）

时间：　年　月　日　　　　　　　　　　时间：　年　月　日

备注：授权书模板仅供参考。

13.11　各种计算公式规则

移动互联网系统后台运营有些内容连后台也看不见，那就是运营制定的计算公式。这些计算公式规则由运营人员制定，计算过程已经绑定在程序代码里，计算结果显示在数据库里，后台只能看到计算结果。

计算公式规则一般属于企业的机密信息。因为系统运营的流程和界面、功能都很容易给同行看到，而底层的计算公式既看不见也摸不着。

例如，用户借款金额为1万元，期限为6个月。运营人员需要给出计算规则，系统才能算出合同金额和划拨金额。不同的规则，计算过程和计算结果均不一样。

规则一：1万元除以6个月约等于1666.67元。用户每月还1666.67元就可以了，还6个月。合同金额等于划拨金额即可。

根据此规则，可见企业运营不赚钱，还亏运营费用，也就是用户借1万元还1万元即可。

规则二：1万元除以6个月约等于1666.67元。用户需要先给一个月1666.67元的服务费，后面每个月按1万元除以6个月约等于1666.67元的还款即可。合同金额等于划拨金额1万元加上服务费1666.67元，即合计11 666.67元。划拨金额为打款给用户银行账户上的金额1万元。

根据此规则，可见企业运营聪明了，懂分析和计算成本，能够有1666.67元利润。

规则三：1万元减去1666.67元，剩下8333.33元。划拨金额为8333.33元，合同金额为1万元。实际用户银行账户上到账8333.33元，但是用户要还1万元。用户每月还1666.67就可以了，还6个月。

根据此规则，可见企业运营更聪明了，因为用户本没有钱，才来借款，先给服务费，用户哪有钱？

此规则解决了用户没钱先给服务费的问题。

以上三种不同的规则，后两种规则是互联网金融企业使用的规则方式之一。

第14章
Linux常用命令

90%的个人站长使用的是CentOS和Ubuntu系统。CentOS和Ubuntu都是基于Linux的操作系统。

不管我们学习Linux多少年，一些命令总会忘记，本书可以帮助你回顾与温习。

以下为个人站长运营系统必备的知识。

首先介绍两个开源的Linux操作系统。

◆ Ubuntu操作系统。Ubuntu一词来源于非洲南部，中文翻译为乌邦图。Ubuntu使用Linux内核，基于Debian发行版和GNOME桌面环境，Ubuntu发布服务器版和桌面版，服务器版面对的用户是企业用户，桌面版面对的用户是个人用户。Ubuntu操作系统免费使用，可以帮助中小企业快速发展。2018年7月发布了Ubuntu 18.04.01 Bionic Beaver（仿生海狸）版本，支持32位（i386、x86）、64位（x86_64）和PPC等架构。

◆ CentOS操作系统。CentOS的英文全称是Community Enterprise Operating System，中文翻译为社区企业操作系统。它是基于Red Hat Enterprise Linux开放的源代码再次编译而成的操作系统，因此CentOS操作系统具有Red Hat操作系统的安全性和稳定性。重要的是CentOS操作系统免费使用，可以帮助中小企业快速发展。2018年5月发布了CentOS 7.5.1804版本，支持32位（i386、x86）、64位（x86_64）、ARM64（AArch64）、PowerPC 64位（PPC64）和ARMhf等架构。

14.1　Ubuntu常用的命令

进入Ubuntu系统的命令模式。按Ctrl+Alt+F2组合键即可进入命令模式，如下图所示。

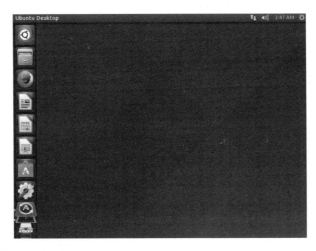

按Ctrl+Alt+F7组合键返回图形界面模式，如下图所示。

Ubuntu常用命令如下表所示。

常用命令	说明
apt-file search filename	查找文件属于哪个包
apt-cache depends rysos	查询软件rysos依赖哪些包
apt-cache rdepends rysos	查询软件rysos被哪些包依赖
dpkg -L rysos	查看软件rysos安装内容
apt-cache search正则表达式	查找软件库中的软件
aptitude search软件包	查找软件库中的软件
dpkg -S filename	查找文件属于哪个包
sudo apt-cdrom add	增加一个光盘源
sudo apt-get update；sudo apt-get dist-upgrade	系统升级
dpkg -l |grep ^rc|awk '{print $2}' |sudo xargs dpkg -P	清除已删除包的残余配置文件
sudo auto-apt run ./configure	编译时缺少h文件的自动处理
ls /var/cache/apt/archives	查看安装软件时下载包的临时存放目录
dpkg -get-selections | grep -v deinstall > ～/somefile	备份当前系统安装的所有包的列表

常用命令	说明
dpkg -set-selections < ～/somefile；sudo dselect	从备份的安装包的列表文件恢复所有包
sudo apt-get autoclean	清理旧版本的软件缓存
sudo apt-get clean	清理所有软件缓存
sudo apt-get autoremove	删除系统不再使用的孤立软件
apt-get -qq --print-uris install ssh | cut -d\\\' -f2	查看包在服务器上面的地址
uname -a	查看内核
cat /etc/issue或lsb_release -a	查看Ubuntu版本
lsmod	查看内核加载的模块
lspci	查看PCI设备
lsusb -v	查看USB设备
sudo ethtool eth0	查看网卡状态
cat /proc/cpuinfo	查看CPU信息
sudo lshw	显示当前硬件信息
uptime	显示系统运行时间
sudo fdisk -l	查看硬盘的分区
sudo fdisk /dev/sda	硬盘分区
sudo mkfs.ext3 /dev/sda1	硬盘格式化ext3分区
sudo hdparm -i /dev/had	查看IDE硬盘信息
sudo hdparm -I /dev/sda或sudo blktool /dev/sda id	查看STAT硬盘信息
df	查看硬盘剩余空间
du -hs 目录名	查看目录占用空间
sudo iostat -x 2	查看硬盘当前读写情况
free	查看当前的内存使用情况
top	动态显示进程执行情况
ps -A	查看当前有哪些进程
pstree	查看当前进程树
kill 进程号或killall 进程名	中止一个进程
kill -9 进程号或killall -9 进程名	强制中止一个进程
lsof -p	查看进程打开的文件
lsof abc.txt	显示开启文件abc.txt的进程
lsof -i :22	显示22端口现在运行什么程序
lsof -c nsd	显示nsd进程现在打开的文件
strace -f -F -o outfile	详细显示程序的运行信息
ulimit -n 4096或echo 4096 > /proc/sys/fs/file-max	增加系统最大打开文件个数

续表

常用命令	说明
sudo pppoeconf	配置ADSL上网
sudo pon dsl-provider	ADSL手工拨号
sudo /etc/ppp/pppoe_on_boot	激活ADSL
sudo poff	断开ADSL
sudo plog	查看拨号日志
arping IP地址	根据IP查网卡地址
nmblookup -A IP地址	根据IP查计算机名
lsof -i :80	查看当前监听80端口的程序
arp -a | awk '{print $4}'	查看当前网卡的物理地址
sudo ifconfig eth0： 0 1.2.3.4 netmask 255.255.255.0	同一个网卡增加第二个IP地址
netstat -rn或sudo route -n	查看路由信息
sudo route add -net 192.168.0.0 netmask 255.255.255.0 gw 172.16.0.1	手工增加一条路由
sudo route del -net 192.168.0.0 netmask 255.255.255.0 gw 172.16.0.1	手工删除一条路由
sudo ifconfig eth0 hw ether 00:AA:BB:CC:DD:EE	修改网卡MAC地址的方法
sudo netstat -atnp	查看当前网络连接状况以及程序
sudo ethstatus -i ppp0	查看ADSL的当前流量
whois rysos.com	查看rysos域名的注册备案情况
tracepath rysos.com	查看到rysos域名的路由情况
sudo dhclient	重新从服务器获得IP地址
wget -r -p -np -k http://www.rysos .com	下载rysos网站的文档
axel -n 5 http://www.rysos.com/downloadfile.zip	5个线程下载rysos网站某个zip压缩文件
sudo update-rc.d 服务名 defaults 99	添加一个服务
sudo update-rc.d 服务名 remove	删除一个服务
/etc/init.d/服务名 restart	临时重启一个服务
/etc/init.d/服务名 stop	临时关闭一个服务
/etc/init.d/服务名 start	临时启动一个服务
sudo adduser 用户名	增加用户
sudo deluser 用户名	删除用户
passwd	修改当前用户的密码
sudo passwd 用户名	修改用户密码
sudo chfn userid	修改用户资料

续表

常用命令	说明
sudo usermod -L 用户名或sudo passwd -l 用户名	如何禁用某个账户
sudo usermod -U 用户名或sudo passwd -u 用户名	如何启用某个账户
sudo usermod -G admin -a 用户名	增加用户到admin组
sudo update-alternatives -config Java	配置Java使用哪个版本
export http_proxy=http://xx.xx.xx.xx：xxx	终端设置代理
sudo vim /etc/motd	修改系统登录信息
sudo update-Java-alternatives -s Java-6-sun	使用SUN的Java编译器
im-switch -c	切换输入法引擎
convmv -r -f cp936 -t utf8 -notest -nosmart *	转换文件名由GBK为UTF8
iconv -f gbk -t utf8 $i > newfile	转换文件内容由GBK到UTF8
sudo apt-get install zhcon；zhcon -utf8 -drv=vga	控制台下显示中文
lftp :～>set ftp:charset GBK	lftp登录远程Windows中文FTP
more 文件名	分页查看文件内容
less 文件名	可控分页查看文件内容
grep 字符串 文件名	根据字符串匹配来查看文件部分内容
grep -l -r 字符串 路径	显示包含字符串的文件名
grep -L -r 字符串 路径	显示不包含字符串的文件名
find 目录 -name 文件名	快速查找某个文件
touch filecloudy1 filecloudy2	创建filecloudy1和filecloudy2两个空文件
mkdir -p /tmp/xxs/dsd/efd	递归式创建嵌套目录
rm -fr /tmp/xxs	递归式删除嵌套目录
cd ～	回当前用户的主目录
pwd	查看当前所在目录的绝对路经
ls -a	列出当前目录下的所有文件
mv 路径/文件 /新路径/新文件名	移动路径下的文件并改名
cp -av 原文件或原目录 新文件或新目录	复制文件或者目录
file filename	查看文件类型
diff filecloudy1 filecloudy2	对比filecloudy1和filecloudy2两个文件之间的差异
tail -n 8 xxx	显示xxx文件倒数8行的内容
tail -n 10 -f /var/log/apache2/access.log	不断地显示最新10行的内容
sed -n '3，10p' /var/log/apache2/access.log	查看文件第3～10行的内容
apropos xxx或man -k xxx	查找关于xxx的命令
scp -rp /path/filename username@remoteIP:/path	通过SSH服务传输文件

常用命令	说明
rename 's/.rm$/.rmvb/' *	把所有文件的扩展名由rm改为rmvb
rename 'tr/A-Z/a-z/' *	把所有文件名中的大写改为小写
rm --cloudylin .txt或rm ./-help.txt	删除特殊文件名-cloudylin.txt的文件
ls -d */.或echo */.	查看当前目录的子目录
ls .|wc -w	统计当前文件个数
ls -l |grep ^d|wc -l	统计当前目录个数
ls -l |grep 2018-10-18 |awk '{print $8}'	显示当前目录下2018-10-18的文件名
sudo apt-get install p7zip p7zip-full p7zip-rar	增加7z压缩软件
sudo apt-get install rar unrar	增加WinRAR软件压缩和解压缩支持
tar -zxvf xxx.tar.gz	解压缩 xxx.tar.gz
tar -jxvf xxx.tar.bz2	解压缩 xxx.tar.bz2
tar -zcvf xxx.tar.gz aaa bbb	压缩aaa bbb目录为xxx.tar.gz
tar -jcvf xxx.tar.bz2 aaa bbb	压缩aaa bbb目录为xxx.tar.bz2
sudo apt-get install lha	增加lha支持
sudo apt-get install cabextract	增加解cab文件支持
cal	显示日历
date -s mm/dd/yy	设置日期
date -s HH:MM	设置时间
hwclock -systohc	将时间写入CMOS
hwclock -show	查看CMOS时间
hwclock -hctosys	读取CMOS时间
sudo ntpdate ntp.ubuntu.com	从服务器上同步时间
sudo cp /usr/share/zoneinfo/Asia/Shanghai /etc/localtime	设置计算机的时区为上海
sudo mysqladmin -u root -p password '你的新密码'	修改MySQL的root口令
xset dpms force off	使用命令关闭显示器
sudo apt-get install cpufrequtils；sudo cpufreq-info	设置CPU的频率
sudo halt	命令关机
sudo shutdown -h now	现在关机
sudo shutdown -h 23:00	晚上11点自动关机
sudo shutdown -h +60	60分钟后关机
sudo reboot	命令重启计算机
sudo shutdown -r now	现在重启计算机
synclient touchpadoff=1	关闭笔记本的触摸板
synclient touchpadoff=0	开启笔记本的触摸板

续表

常用命令	说明
ls ~/.config/autostart	查看在会话设置的启动程序
mkisofs -o hello.iso -Jrv -V test_disk /home/carla/	制作ISO文件，文件名为hello.iso
gnome-screenshot -d 8	延迟8秒抓图
gnome-screenshot -w -d 6	延迟6秒抓当前激活窗口的图
~/.local/share/Trash/	回收站的位置
~/.local/share/applications/mimeapps.list	默认打开方式的配置文件的位置
w3m -dump_head http://www.xxx.com	如何查看HTTP头
watch -d free	连续监视内存使用情况
sudo -Hs	如何切换到root账号
sudo mount -t iso9660 -o loop，utf8 xxx.iso /mnt/iso	挂载ISO文件
nl hello.txt	带行号显示文件hello.txt的内容
identify -verbose rysos.jpg	获取rysos.jpg的扩展信息（Exif）
nc -zv localhost 1-65535	查看当前系统所有的监听端口
apt-cache stats	显示系统全部可用包的名称
apt-cache pkgnames	显示包的信息
free -m |grep \'Mem\'	awk '{print $2}'	显示当前内存大小
sudo apt-get install abcde；abcde -o flac --b	显示系统安装包的统计信息

14.2　CentOS常用的命令

进入CentOS系统的命令模式。选择Applications→System Tools→Terminal即可进入命令模式，如下图所示。

进入命令模式后，输入su和管理员密码，即可拥有系统的管理员权限，如下图所示。

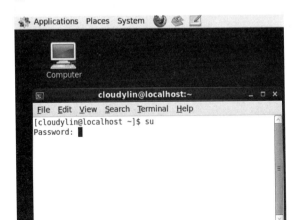

CentOS常用命令如下。

1. 关机的命令

关机的命令包括关闭系统、重启以及注销，如下表所示。

命令	说明
shutdown -h now	关闭系统（方法1）
init 0	关闭系统（方法2）
telinit 0	关闭系统（方法3）
shutdown -r now	重启（方法1）
reboot	重启（方法2）
logout	注销
shutdown -h hours：minutes &	按预定时间关闭系统
shutdown -c	取消按预定时间关闭系统

2. 查看系统信息的命令

查看系统信息的命令如下表所示。

命令	说明
arch	显示机器的处理器架构（方法1）
uname -m	显示机器的处理器架构（方法2）
uname -r	显示正在使用的内核版本
dmidecode -q	显示硬件系统部件（SMBIOS / DMI）
hdparm -i /dev/had	列出一个磁盘的架构特性
hdparm -tT /dev/sda	在磁盘上执行测试性读取操作（-T是测试缓存读写速率，-t是测试硬盘读写速率）

命令	说明
cat /proc/cpuinfo	显示CPU的信息
cat /proc/interrupts	显示当前系统使用中断的情况
cat /proc/meminfo	校验内存使用
cat /proc/swaps	显示哪些swap被使用
cat /proc/version	显示内核的版本
cat /proc/net/dev	显示网络适配器及统计
cat /proc/mounts	显示已加载的文件系统
lspci -tv	显示所有PCI设备
lsusb -tv	显示所有USB设备
date	显示系统日期
cal 2018	显示2018年的日历表
date 081817112018.10	设置日期和时间。格式为月日时分年秒（示例：2018年08月18日17时11分10秒）
clock -w	将时间修改保存到BIOS

3. 文件和目录的操作命令

文件和目录的操作命令如下表所示。

命令	说明
cd /cloudylin	进入/ cloudylin目录
cd ..	返回上一级目录
cd ../..	返回上两级目录
cd	进入个人的主目录
cd ～user1	进入个人的主目录
cd -	返回上次所在的目录
pwd	显示当前所在的工作路径
ls	查看目录中的文件
ls -F	查看目录中的文件。文件末尾的字符中@表示符号链接、|表示FIFOS，/表示目录，=表示套接字
ls -l	显示文件和目录的详细资料
ls -a	显示隐藏文件
mkdir hello1	创建一个叫作hello1的目录
mkdir hello1 hello2	同时创建hello1、hello2两个目录
mkdir -p /tmp/hello1/hello2	创建一个目录树
rm -f rysos1	删除一个叫作rysos1的文件

续表

命令	说明
rmdir rysos1	删除一个叫作rysos1的目录
rm -rf rysos1	删除一个叫作rysos1的目录并同时删除其内容
rm -rf rysos1 rysos2	同时删除rysos1和rysos2两个目录及它们的内容
mv hello3 newhello4	重命名/移动目录hello3为目录newhello4
cp rysos 1 rysos2	将rysos1文件复制到rysos2文件目录
cp rysos1 /*	将rysos1目录下的所有文件复制到当前目录下
cp -a /tmp/rysos1	将/tmp/rysos1目录下的所有文件和目录复制到当前目录下
cp -a rysos1 rysos2	将rysos1目录下的所有文件和目录复制到rysos2目录下

4. 文件搜索命令

文件搜索命令（find的命令用法）如下表所示。

命令	说明
find / -name file1	从/开始进入根文件系统搜索文件和目录
find / -user usercloudy 1	搜索属于用户usercloudy1的文件和目录
find /home/usercloudy1 -name *.zip	在目录/ home/usercloudy1中搜索带有zip扩展名的文件
find /usr/bin -type f -atime +88	搜索在过去88天内未被使用过的文件
find /usr/bin -type f -mtime -18	搜索在18天内被创建或者曾经修改过的文件

5. 查看文件内容的命令

查看文件内容的命令如下表所示。

命令	说明
cat file1	从第一个字节开始正向查看文件的内容
tac file1	从最后一行开始反向查看一个文件的内容
more file1	查看一个长文件的内容
less file1	类似于more命令，但是它允许在文件中和正向操作一样的反向操作
head -2 file1	查看一个文件的前两行
tail -2 file1	查看一个文件的最后两行挂载命令
mount /dev/hda2 /mnt/hda2	挂载一个叫作hda2的盘（注：确定目录/ mnt/hda2已经存在）
umount /dev/hda2	卸载一个叫作hda2的盘（先从挂载点/ mnt/hda2退出）

续表

命令	说明
fuser -km /mnt/hda2	当设备繁忙时强制卸载
umount -n /mnt/hda2	运行卸载操作而不写入/etc/mtab文件（当文件为只读或当磁盘写满时非常有用）
mount /dev/fd0 /mnt/floppy	挂载一个软盘
mount /dev/cdrom /mnt/cdrom	挂载一个光盘
mount /dev/hdc /mnt/cdrecorder	挂载一个cdrw或dvdrom
mount /dev/hdb /mnt/cdrecorder	挂载一个cdrw或dvdrom
mount -o loop file.iso /mnt/cdrom	挂载一个文件或ISO镜像文件
mount -t vfat /dev/hda5 /mnt/hda5	挂载一个Windows FAT32文件系统
mount /dev/sda1 /mnt/usbdisk	挂载一个USB优盘或闪存设备
mount -t smbfs -o username=user，password=pass //WinClient/share /mnt/share	挂载一个Windows网络共享

6. 磁盘空间操作的命令

磁盘空间操作的命令如下表所示。

命令	说明
df -h	显示已经挂载的分区列表
ls -lSr |more	以尺寸大小排列文件和目录
du -sh dir1	估算目录dir1已经使用的磁盘空间
du -sk * | sort -rn	以容量大小为依据依次显示文件和目录的大小

7. 用户和群组的命令

用户和群组的命令如下表所示。

命令	说明
groupadd group_name	创建一个新用户组
groupdel group_name	删除一个用户组
groupmod -n new_group_name old_group_name	重命名一个用户组
useradd -c "Name Surname " -g admin -d /home/user1 -s /bin/bash user1	创建一个属于admin用户组的用户
useradd user1	创建一个新用户
userdel -r user1	删除一个用户（-r同时删除主目录）
passwd user1	修改一个用户的口令（只允许root执行）
chage -E 2005-12-31 user1	设置用户口令的失效期限
ls -lh	显示权限

续表

命令	说明
chmod 777 directory1	设置目录的所有人（u）、群组（g）以及其他人（o）以读（r）、写（w）和执行（x）的权限
chmod 700 directory1	删除群组（g）与其他人（o）对目录的读写执行权限
chown user1 file1	改变一个文件的所有人属性为use1
chown -R user1 directory1	改变一个目录的所有人属性并同时改变改目录下所有文件的属性都为use1所有
chgrp group1 file1	改变文件的群组为group1
chown user1：group1 file1	改变一个文件的所有人和群组属性，所属组为group1，用户为use1
find / -perm -u+s	罗列一个系统中所有使用了SUID控制的文件
chmod u+s /bin/file1	设置一个二进制文件的SUID位，运行该文件的用户也被赋予和所有者同样的权限
chmod u-s /bin/file1	禁用一个二进制文件的SUID位
chmod g+s /home/public	设置一个目录的SGID位，类似于SUID，不过这是针对目录的
chmod g-s /home/public	禁用一个目录的SGID位
chmod o+t /home/public	设置一个文件的STIKY位，只允许合法所有人删除文件
chmod o-t /home/public	禁用一个目录的STIKY位

8. 打包和解压缩文件的命令

打包和解压缩文件的命令（gzip、rar、unrar、tar的命令用法）如下表所示。

命令	说明
bunzip2 hello1.bz2	解压一个文件叫作hello1.bz2的文件
bzip2 hello1	压缩一个文件叫作hello1的文件
gunzip hello1.gz	解压一个文件叫作hello1.gz的文件
gzip hello1	压缩一个文件叫作hello1的文件
gzip -9 hello1	最大程度压缩
rar a hello1.rar test_file	创建一个叫作hello1.rar的包
rar a hello1.rar hello1 hello2 dir1	打包hello1、hello2以及目录dir1为hello1.rar的包
rar x hello1.rar	解压hello1.rar包
unrar x hello1.rar	解压hello1.rar包
tar -cvf archive.tar file1	创建一个非压缩的tar包
tar -cvf archive.tar hello1 hello2 hello3	创建一个包含hello1、hello2、hello3的包

命令	说明
tar -tf archive.tar	显示一个包中的内容
tar -xvf archive.tar	释放一个包
tar -xvf archive.tar -c /tmp	将压缩包释放到/tmp目录下（-c是指定目录）
tar -cvfj archive.tar.bz2 dir1	创建一个bzip2格式的压缩包
tar -xvfj archive.tar.bz2	解压一个bzip2格式的压缩包
tar -cvfz archive.tar.gz dir1	创建一个gzip格式的压缩包
tar -xvfz archive.tar.gz	解压一个gzip格式的压缩包
zip file1.zip file1	创建一个zip格式的压缩包
zip -r file1.zip file1 file2 dir1	将几个文件和目录同时压缩成一个zip格式的压缩包
unzip file1.zip	解压一个zip格式压缩包

9. RPM包的命令

RPM包的命令如下表所示。

命令	说明
rpm -ivh package.rpm	安装一个RPM包
rpm -ivh --nodeeps package.rpm	安装一个RPM包而忽略依赖关系警告
rpm -U package.rpm	更新一个RPM包，但是不改变其配置文件
rpm -F package.rpm	更新一个确定已经安装的RPM包
rpm -e package_name.rpm	删除一个RPM包
rpm -qa	显示系统中所有已经安装的RPM包
rpm -qa | grep cloudylin	显示所有名称中包含cloudylin字样的RPM包
rpm -qi package_name	获取一个已安装包的特殊信息
rpm -ql package_name	显示一个已经安装的RPM包提供的文件列表
rpm -qc package_name	显示一个已经安装的RPM包提供的配置文件列表
rpm -q package_name -whatrequires	显示与一个RPM包存在依赖关系的列表
rpm -q package_name -whatprovides	显示一个RPM包所占的体积
rpm -q package-name -changelog	显示一个RPM包的修改历史
rpm -qf /etc/httpd/conf/httpd.conf	确认所给的文件由哪个RPM包提供
rpm -qp package.rpm -l	显示由一个尚未安装的RPM包提供的文件列表
rpm --import /media/cdrom/RPM-GPG-KEY	导入公钥数字证书
rpm --checksig package.rpm	确认一个RPM包的完整性
rpm -qa gpg-pubkey	确认已安装的所有RPM包的完整性
rpm -V package_name	检查文件尺寸、许可、类型、所有者、群组、MD5检查以及最后修改时间

续表

命令	说明
rpm -Va	检查系统中所有已安装的RPM包（请勿乱用）
rpm -Vp package.rpm	确认一个RPM包还未安装

10. 关于YUM 命令的用法

命令	说明
yum install package_name	下载并安装一个RPM包package_name
yum update package_name	更新一个RPM包package_name
yum remove package_name	删除一个RPM包package_name
yum list	列出当前系统中安装的所有包
yum clean all	删除所有缓存的包和头文件
yum clean packages	清理RPM缓存删除下载的包
yum clean headers	删除所有头文件
yum search package_name	在RPM仓库中搜寻软件包

第15章
电商系统后台整体框架规划

一台计算机的主机，由主板、CPU、显卡、内存条、电源、机箱等组成。同样地，一个系统也是由各种功能模块组成的。使用本书的基础服务模块、后台安全管理模块、商业模块、数据分析模块、权限管理模块、用户组管理模块、客户关系管理模块、积分和优惠券模块、电商系统模块、社区系统模块就可以组成任意系统的前台和后台。

目的：读者学会把思维导图转化为实际系统图，或者把实际系统图转化为思维导图。

下面列举一些实例，通过思维导图规划出实际系统框架。

15.1 团购系统整体框架

15.1.1 思维导图

团购系统整体框架的思维导图如下图所示。

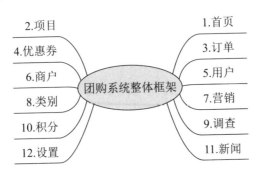

15.1.2　实际系统框架

依据团购整体框架的思维导图规划出的实际系统框架如下图所示。

说明

上图为团购系统的思维导图和系统框架的导航栏，其中已经可以看出框架。对比一下，也是比较容易规划出来的。

15.2　首页模块

15.2.1　思维导图

首页模块的思维导图如下图所示。

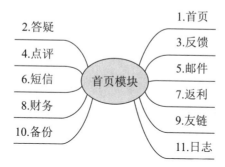

15.2.2　实际系统框架

依据首页模块的思维导图规划出的实际系统框架如下图所示。

说明

在首页模块里，分为首页、答疑、反馈、点评、邮件、短信、返利、财务、友链、备份、日志模块。

15.3 首页-首页的详细内容模块

15.3.1 思维导图

首页-首页的详细内容模块的思维导图如下图所示。

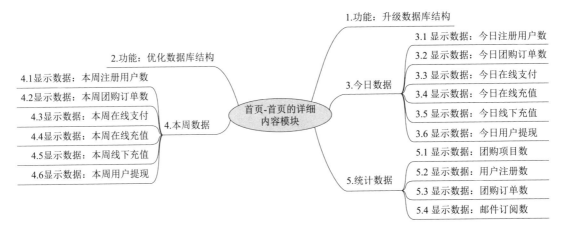

15.3.2 实际系统框架

依据首页-首页的详细内容模块的思维导图规划出的实际系统框架如下图所示。

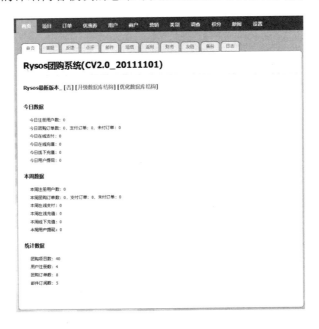

说明

首页-首页的详细内容模块包括升级数据库结构、优化数据库结构、今日数据、本周数据、统计数据等。

15.4 首页-答疑的详细内容模块

15.4.1 思维导图

首页-答疑的详细内容模块的思维导图如下图所示。

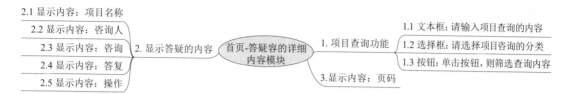

15.4.2 实际系统框架

依据首页-答疑的详细内容模块的思维导图规划出的实际系统框架如下图所示。

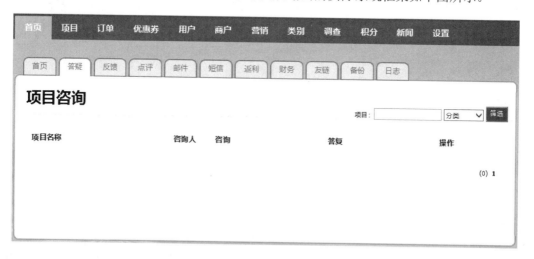

说明

首页-答疑的详细内容模块包括项目查询功能、显示答疑的内容、页码。

15.5 首页-反馈的详细内容模块

15.5.1 思维导图

首页-反馈的详细内容模块的思维导图如下图所示。

15.5.2 实际系统框架

依据首页-反馈的详细内容模块的思维导图规划出的实际系统框架如下图所示。

说明

　　首页-反馈的详细内容模块包括项目查询功能、显示反馈的内容和功能、页码。

15.6　首页-点评的详细内容模块

15.6.1　思维导图

首页-点评的详细内容模块的思维导图如下图所示。

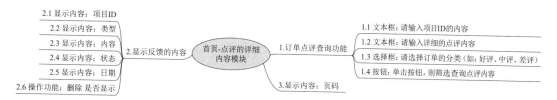

15.6.2　实际系统框架

依据首页-点评的详细内容模块的思维导图规划出的实际系统框架如下图所示。

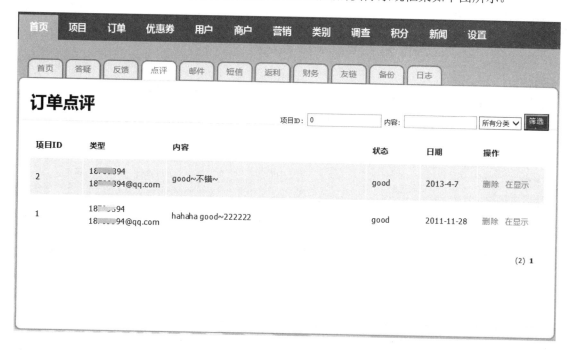

说明

首页-点评的详细内容模块的模块包括订单点评查询功能、显示点评的内容和功能、页码。

15.7 首页-邮件的详细内容模块

15.7.1 思维导图

首页-邮件的详细内容模块的思维导图如下图所示。

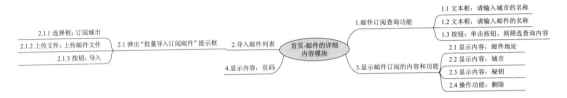

15.7.2 实际系统框架

依据首页-邮件的详细内容模块的思维导图规划出的实际系统框架如下图所示。

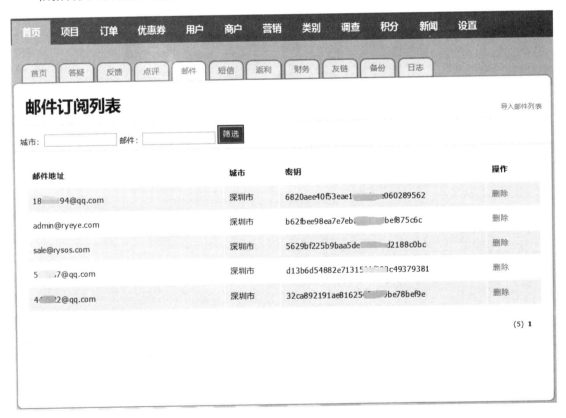

单击"导入邮件列表"按钮，进入"批量导入订阅邮件"对话框，如下图所示。

批量导入订阅邮件	关闭 ⊗

邮件地址需要每行一个的文本文件

订阅城市：　-所有城市- ∨

邮件文件：　　　　　　　　　　　　　浏览...

导入

说明

管理员可以批量导入订阅邮件的内容。

15.8　首页-短信的详细内容模块

15.8.1　思维导图

首页-短信的详细内容模块的思维导图如下图所示。

2.1 显示内容：手机号
2.2 显示内容：城市
2.3 显示内容：加密的秘钥
2.4 操作功能：删除
2.显示邮件订阅的内容
首页-短信的详细内容模块
1.邮件订阅查询功能
1.1 文本框：请输入城市的名称
1.2 文本框：请输入手机号
1.3 按钮：单击按钮，则筛选查询内容
3.显示内容：页码

15.8.2　实际系统框架

依据首页-短信的详细内容模块的思维导图规划出的实际系统框架如下图所示。

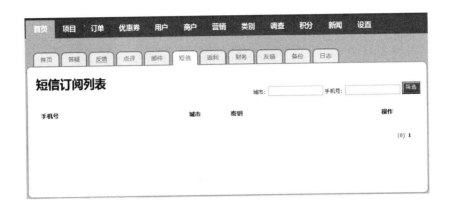

说明

短信订阅列表的内容包括用户的手机号、城市、密钥、操作等。

15.9 首页-返利的详细内容模块

15.9.1 思维导图

首页-返利的详细内容模块的思维导图如下图所示。

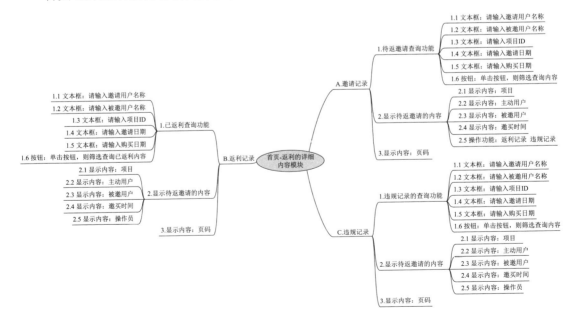

15.9.2 实际系统框架

邀请记录如下图所示。

返利记录如下图所示。

违规记录如下图所示。

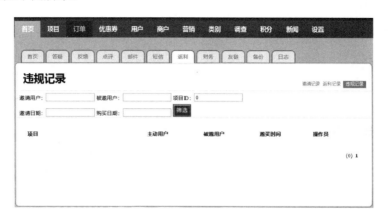

说明

首页-返利的详细内容模块包括邀请记录、返利记录、违规记录等。

15.10   首页-财务的详细内容模块

15.10.1   思维导图

首页-财务的详细内容模块的思维导图如下图所示。

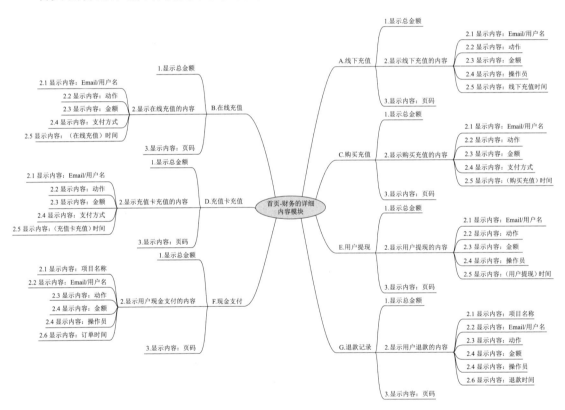

15.10.2   实际系统框架

依据首页-财务的详细内容模块的思维导图规划出的实际系统框架如下面的7幅图所示。

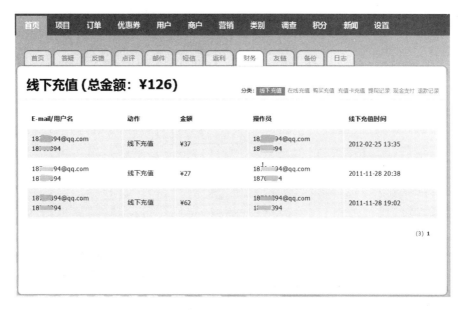

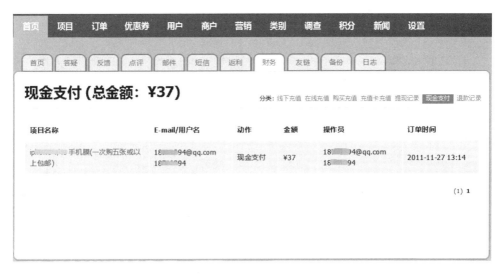

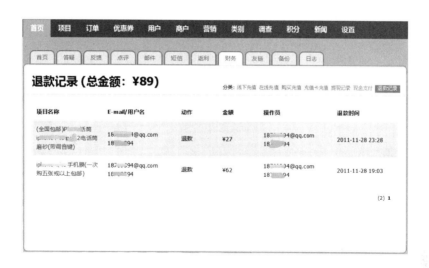

说明

　　财务的内容包括了线下充值、在线充值、购买充值、充值卡充值、用户提现、现金支付、退款记录等。

15.11　首页-友链的详细内容模块

15.11.1　思维导图

　　首页-友链的详细内容模块的思维导图如下图所示。

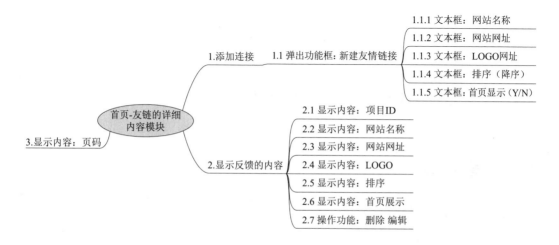

15.11.2 实际系统框架

依据首页-友链的详细内容模块的思维导图规划出的实际系统框架如下面两幅图所示。

（说明）

友情链接的内容包括ID、网站名称、网站网址、LOGO、排序、首页显示、操作。

15.12 首页-备份的详细内容模块

15.12.1 思维导图

首页-备份的详细内容模块的思维导图如下图所示。

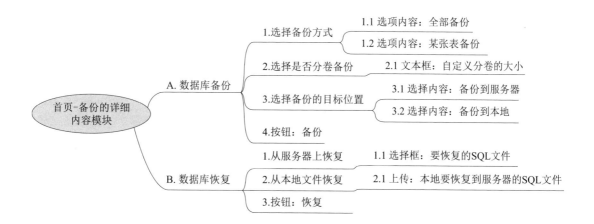

15.12.2　实际系统框架

依据首页-备份的详细内容模块的思维导图规划出的实际系统框架如下图所示。

（说明）

　　数据库备份可以全部备份或者单张表数据备份。可以保存在服务器上，也可以保存到本地计算机上。

数据库恢复通常是很少用到的，而且恢复可能会损失很短一段时间的数据，如下图所示。

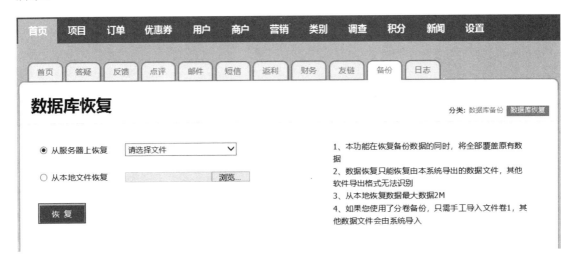

15.13　首页-日志的详细内容模块

15.13.1　思维导图

首页-日志的详细内容模块的思维导图如下图所示。

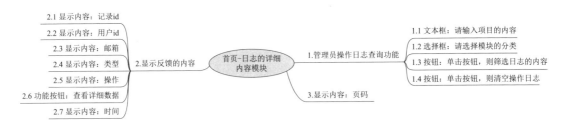

15.13.2　实际系统框架

依据首页-日志的详细内容模块的思维导图规划出的实际系统框架如下面两幅图所示。

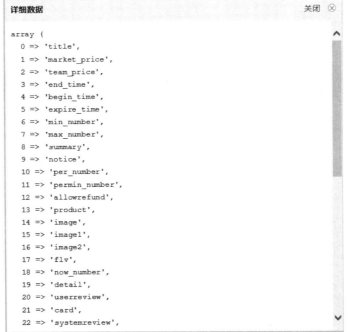

说明

管理员操作日志记录管理员处理后台的操作，有此功能，管理员处理事件会更加小心，处理错误可能就会被扣减奖金。

15.14　项目-当前项目、成功项目、失败项目的详细内容模块

15.14.1　思维导图

项目-当前项目、成功项目、失败项目的详细内容模块的思维导图如下图所示。

15.14.2　实际系统框架

当前项目的界面如下图所示。

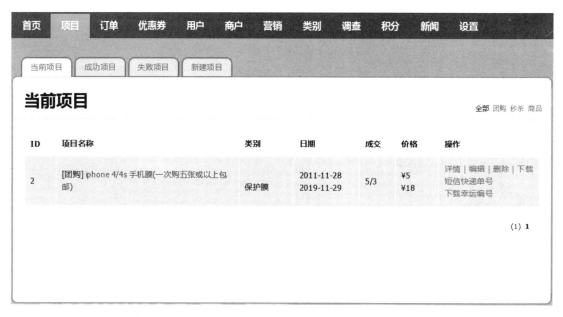

成功项目的界面如下图所示。

失败项目的界面如下图所示。

说明

当前项目、成功项目、失败项目的界面是一样的。不同的是当前项目指正在销售的商品项目；成功项目指商品已经销售完毕，并且已经下架的项目；失败项目指一个用户也没有购买过此商品，并且已经下架的项目。

15.15　项目-新建项目的详细内容模块

15.15.1　思维导图

项目-新建项目的详细内容模块的思维导图如下图所示。

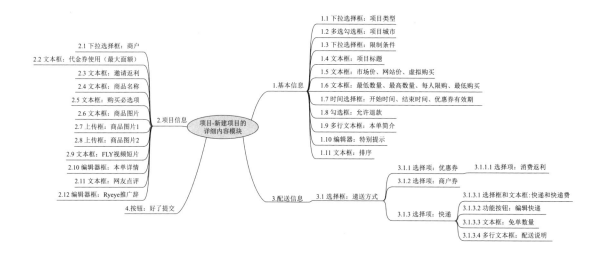

15.15.2 实际系统框架

依据项目-新建项目的详细内容模块的思维导图规划出的实际系统框架如下面4幅图所示。

排序　　　　　0　　　　　　请填写数字，数值大到小排序，主推团购应设置较大值

2、项目信息

商户　　　　　---- 请选择商户 ---- ▼　商户为可选项

代金券使用　　0　　　　　　可使用代金券最大面额

邀请返利　　　0　　　　　　邀请好友参与本单商品购买时的返利金额

商品名称　　　

购买必选项　　

格式如：{黄色}{绿色}{红色}@{大号}{中号}{小号}@{男款}{女款}，分组使用@符号分隔，用户购买的
必选项

商品图片　　　　　　　　　　　　　　　　　　　　　　　　　　　浏览...

商品图片1　　　　　　　　　　　　　　　　　　　　　　　　　　浏览...

商品图片2　　　　　　　　　　　　　　　　　　　　　　　　　　浏览...

FLV视频短片　

形式如：http://.../video.flv

本单详情　　　

网友点评　　　

格式："真好用|小兔|http://ww....|XXX网"，每行写一个点评

Ryeye推广辞　

3、配送信息

递送方式　　　◉ 优惠券　○ 商户券　○ 快递

消费返利　　　0　　　　　　消费优惠券时，获得账户余额返利，单位CNY元

好了，提交

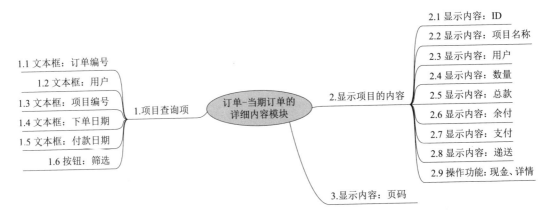

3、配送信息

递送方式　○ 优惠券　○ 商户券　◉ 快递

快递(编辑)

	名称	价格
☐	圆通快递	12
☐	申通快递	12
☐	韵达快运	10
☐	顺丰快递	20

免单数量　0

免单数量：-1表示免运费，0表示不免运费，1表示：购买1件免运费，2表示：购买2件免运费，以此类推

配送说明

好了，提交

说明

　　上面几幅图是根据项目-新建项目的详细内容模块的思维导向规划出的实际系统框架。管理员提交后，用户即可在系统前台页面按照新建项目的要求购买商品。

15.16　订单-当期订单的详细内容模块

15.16.1　思维导图

　　订单-当期订单的详细内容模块的思维导图如下图所示。

1.1 文本框：订单编号
1.2 文本框：用户
1.3 文本框：项目编号
1.4 文本框：下单日期
1.5 文本框：付款日期
1.6 按钮：筛选
1.项目查询项

订单-当期订单的详细内容模块

2.显示项目的内容
2.1 显示内容：ID
2.2 显示内容：项目名称
2.3 显示内容：用户
2.4 显示内容：数量
2.5 显示内容：总款
2.6 显示内容：余付
2.7 显示内容：支付
2.8 显示内容：递送
2.9 操作功能：现金、详情

3.显示内容：页码

当期订单、付款订单、余额支付、未付订单、退款管理的思维导图基本一致。

15.16.2　实际系统框架

依据订单-当期订单的详细内容模块的思维导图规划出的实际系统框架如下图所示。

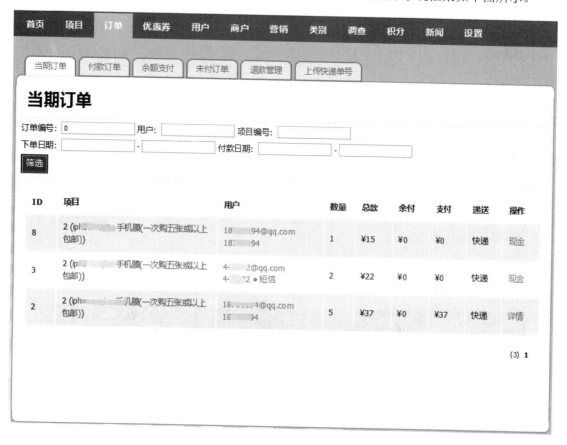

说明

订单的内容包括ID、项目、用户、数量、总款、余付、支付、递送、操作。

付款订单的界面如下图所示。

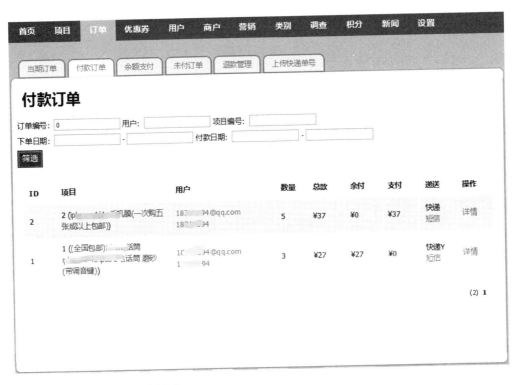

余额支付的界面如下图所示。

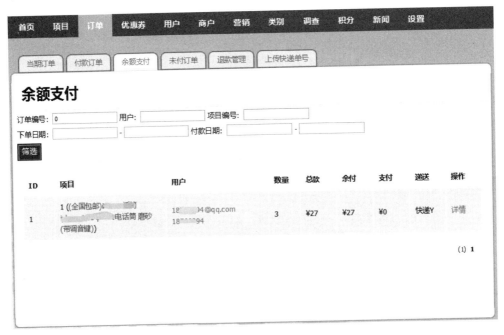

未付订单的界面如下图所示。

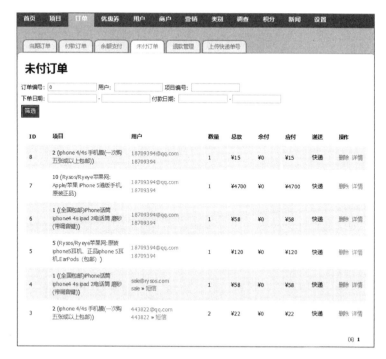

退款管理的界面如下图所示。

说明

　　当期订单、付款订单、余额支付、未付订单、退款管理的界面功能基本是一致的。不同的是当期订单指的是正在销售的商品项目，购买用户已提交了的订单。

　　付款订单指的是正在销售或已经下架的商品项目，且购买用户已经付款成功的订单。

　　余额支付指的是正在销售或已经下架的商品项目，且购买用户使用平台的余额支付的订单。

未付订单指的是正在销售或已经下架的商品项目，且购买用户提交了订单，但是未支付金额的订单。

退款管理指的是正在销售或已经下架的商品项目，且购买用户申请退款的订单，都属于退款管理的范围。

15.17 优惠券-未消费的详细内容模块

15.17.1 思维导图

优惠券-未消费的详细内容模块的思维导图如下图所示。

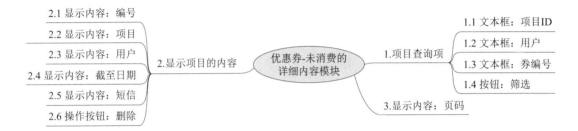

15.17.2 实际系统框架

依据优惠券-未消费的详细内容模块的思维导图规划出的实际系统框架如下图所示。

说明

未消费、已消费和已过期的优惠券的框架基本一致，只是显示的优惠券数据不同。

15.18　优惠券-代金券的详细内容模块

15.18.1　思维导图

优惠券-代金券的详细内容模块的思维导图如下图所示。

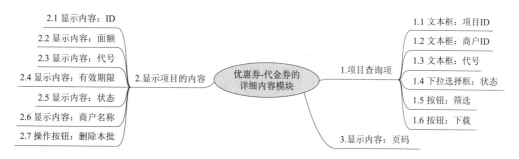

15.18.2　实际系统框架

依据优惠券-代金券的详细内容模块的思维导图规划出的实际系统框架如下图所示。

说明

ID号是系统自动生成的，每一个ID的代码均不一致。

面额指代金券的额度值。

代号指批次，同一个代号代表同一批次的代金券。

有效期限指代金券在此时间范围里可以使用，超出时间范围则无法使用。

15.19 优惠券-新建代金券的详细内容模块

15.19.1 思维导图

优惠券-新建代金券的详细内容模块的思维导图如下图所示。

15.19.2 实际系统框架

依据优惠券-新建代金券的详细内容模块的思维导图规划出的实际系统框架如下图所示。

说明

新建代金券的内容信息包括商户ID、代金券面额、生成数量、开始日期、结束日期、行动代号。

15.20　优惠券-充值卡的详细内容模块

15.20.1　思维导图

优惠券-充值卡的详细内容模块的思维导图如下图所示。

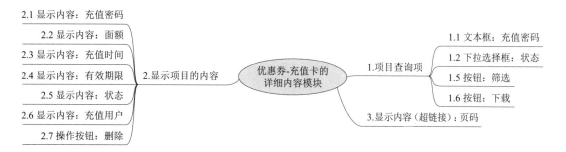

15.20.2　实际系统框架

依据优惠券-充值卡详细内容模块的思维导图规划出的实际系统框架如下图所示。

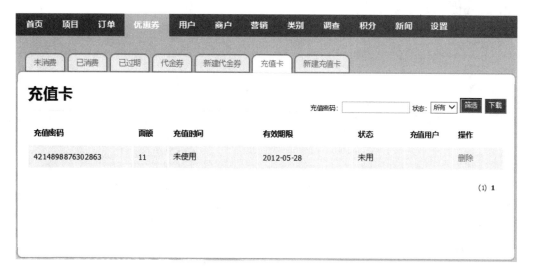

说明

　　系统自动生成的充值卡的内容包括充值密码、面额、充值时间、有效期限、状态、充值用户、操作等。管理员只需把充值密码发送给注册用户，注册用户即可使用充值密码充值。

15.21　优惠券-新建充值卡的详细内容模块

15.21.1　思维导图

　　优惠券-新建充值卡的详细内容模块的思维导图如下图所示。

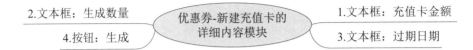

15.21.2　实际系统框架

　　依据优惠券-新建充值卡的详细内容模块的思维导图规划出的实际系统框架如下图所示。

说明

　　管理员可以新建充值卡，输入充值卡金额、生成数量、过期日期后，单击"生成"按包，系统即自动生成充值卡。

15.22 用户-用户列表的详细内容模块

15.22.1 思维导图

用户-用户列表的详细内容模块的思维导图如下图所示。

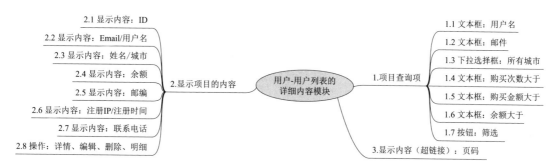

15.22.2 实际系统框架

依据用户-用户列表的详细内容模块的思维导图规划出的实际系统框架如下图所示。

说明

用户列表可以查看到所有的注册用户的信息，包括ID、E-mail/用户名、姓名/城市、余额、邮编、注册IP/注册时间、联系电话、操作等。

15.23 用户-管理员列表的详细内容模块

15.23.1 思维导图

用户-管理员列表的详细内容模块的思维导图如下图所示。

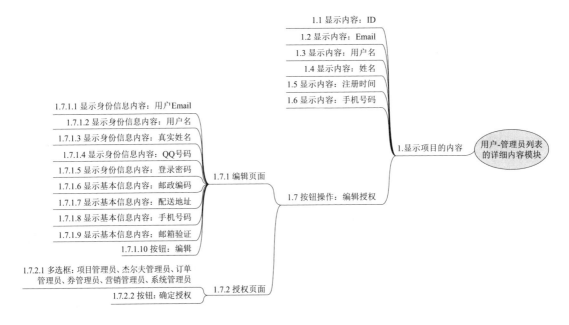

15.23.2 实际系统框架

依据用户-管理员列表的详细内容模块的思维导图规划出的实际系统框架如下图所示。

说明

　　管理员列表能够查看所有的管理员，并可以查看每个管理员拥有的详细权限。

编辑页面如下图所示。

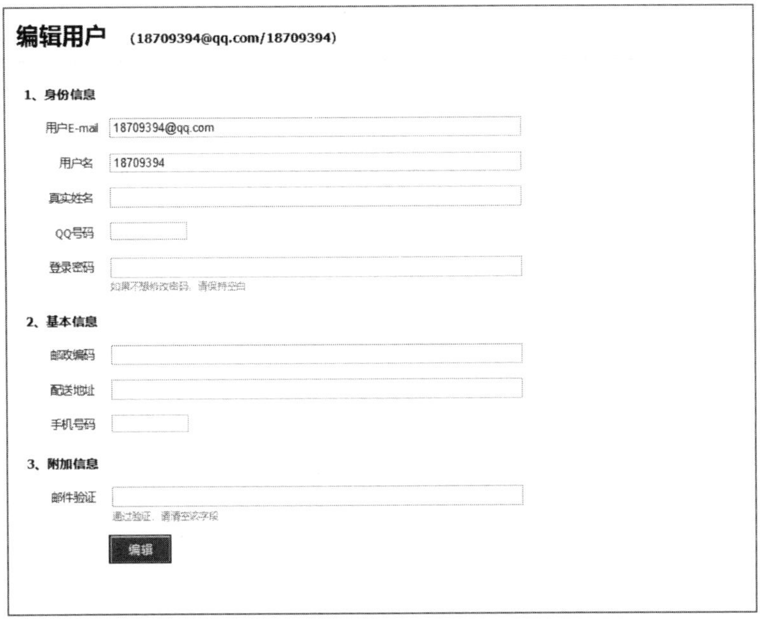

说明

1. 管理员可以编辑管理员用户的身份信息、基本信息、附加信息等。
2. 身份信息包括用户E-mail、用户名、真实姓名、QQ号码、登录密码的信息。
3. 基本信息包括邮政编码、配送地址、手机号码的信息。
4. 附加信息包括邮件验证的信息。

管理授权页面如下图所示。

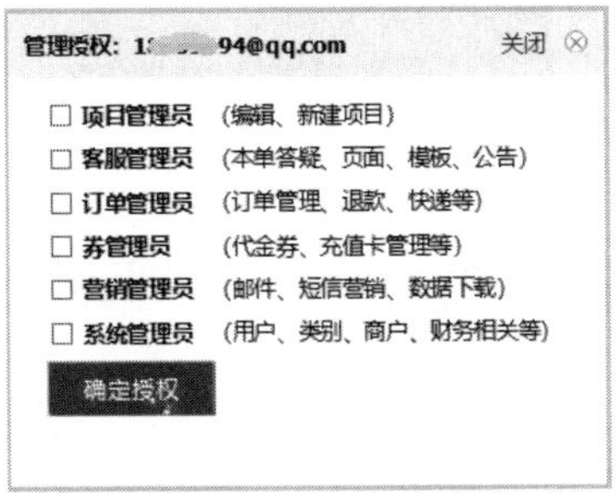

说明

如果授权用户为项目管理员，那么用户就拥有了编辑和新建项目的权限。

如果授权用户为客服管理员，那么用户就拥有了本单答疑、页面、模板、公告的权限。

如果授权用户为订单管理员，那么用户就拥有了订单管理、退款、快递等权限。

如果授权用户为券管理员，那么用户就拥有了代金券、充值卡管理等权限。

如果授权用户为营销管理员，那么用户就拥有了邮件、短信营销、数据下载的权限。

如果授权用户为系统管理员，那么用户就拥有了用户、类别、商户、财务相关等权限。

第16章
系统运营相关知识

16.1 大数据

大数据（big data）通常指无法在一定时间范围内用常规软件工具进行捕捉、管理和处理的数据集合，是需要新处理模式才能具有更强的决策力、洞察发现力和流程优化能力的海量、高增长率和多样化的信息资产。

大数据的5V特点（由IBM提出）：Volume（大量）、Velocity（高速）、Variety（多样）、Value（低价值密度）、Veracity（真实性）。

Volume（大量）：互联网时代，需要采用大量的数据进行分析处理。正确的数据越多，分析得越准确。

Velocity（高速）：大数据处理需要高速。例如，用户去银行柜员机存款，由于柜员机已经存储过多数据，导致后面使用柜员机存款的用户使用越来越慢，存少量款也需要用户在柜员机等系统处理几十分钟。

Variety（多样）：目前大数据的分类可以分为结构化数据和非结构化数据。例如，一个文章中，结构化数据是标题、作者、编辑、数据来源、发布时间等；非结构化数据是文章内容，其中文章内容包含图片、视频、文本内容、超链接、电子邮件等，非结构化的数据需要整理和筛选，尽量变为结构化数据才能更有效地使用。

Value（低价值密度）：在数据的价值领域中，重要的不是如何分析数据，而是如何获取有价值的数据。例如，在网络上搜索如何治感冒，搜索出来几百条数据，但是这几百条数据中，可能就几十条或几条数据是有价值的。

Veracity（真实性）：大数据中的数据内容与现实世界中的内容是相关的，研究大数据的目的就是从这些互联网数据内容中提取出能够解释和预测现实事件的过程。例如，一些电商网站，虚拟一些评价、购买记录、留言等数据，使得自己的商品貌似有很多用户购买，使后面的用户跟风购买。由于电子商务系统的数据真实性差，导致数据解释和预测现实事件的准确率低。

21世纪互联网时代，作者认为大数据最重要的是IDC机房，为什么呢？

互联网的程序和数据存在哪里？存在服务器里。

服务器放在哪里？存在IDC机房里。

互联网的大企业，做电商的、做游戏的、做手机的、做社交的、做外卖的都纷纷自己建IDC机房。

例如，腾讯云、阿里云、百度云、网易云、美团云、滴滴云、京东云、华为云等。

拥有IDC机房每天就不用担心别人从IDC机房里复制走数据。作者认为各大企业建IDC机房的战略是正确的，能够保证自己经营多年的数据安全、可靠、稳定。

整体运营是把经营、管理、运营三者结合，围绕企业的人、财、物三大要素进行系统化运作。由于系统化运作，所有的数据就保存在IDC机房。

16.2　互联网各系统的营利模式

互联网行业包括零售业、旅游业、房地产业、金融业、游戏业、证券业、银行业、仓储物流业、IT软硬件业、水泥行业、贸易业等。

互联网的本质是分享、互动、虚拟、服务，使企业、计算机、网络、用户产生互动。

有互动，就会有交易。通过互联网平台交易，企业就能获取利润。这个交易包括实体商品的交易和虚拟商业的交易。

不管是实体商品的交易，还是虚拟商品的交易，有交易就意味着有服务，有服务就有收入。

各行各业的企业使用的系统平台也是电商系统、团购系统、媒体系统、社交系统、物流系统、OA系统等；虽然各企业销售的实体商品和虚拟商品不一样，但是营利模式大致是一样的，下面详细讲解各系统的常见营利模式。

1. 电商系统

（1）商家A制造商品后，通过电商平台销售给用户，从利获取利润（赚差价）。

（2）商家A销量大了，可以与工厂谈成本，降低成本，获取更多利润（赚差价）。

（3）商家A让会员分等级，会员等级越高，购买商品的价格越低，使老会员经常来购物，新会员努力购买更多商品提升等级（赚流量和信誉）。

（4）商家A采购B商品，原价卖出去给用户，但是维护需要收高额的费用（赚服务费）。

2. 团购系统

（1）平台企业通过提供为卖家发布商品的平台，获取服务费和保证金（赚服务费）。

（2）平台企业通过提供为买家购买商品的平台，带来流量（赚流量）。

（3）平台企业通过流量，引入广告商刊登广告（赚广告费）。

（4）收取卖家的保证金，躺在银行账户上也有收益（赚利息）。

3. 媒体系统

（1）平台企业通过提供媒体用户发布的内容，获取流量（赚流量）。

（2）平台企业通过提供一般用户浏览的内容，获取流量（赚流量）。

（3）平台企业通过流量，引入广告商刊登广告（赚广告费）。

（4）平台企业按收益部分，分成给自媒体人员（赚内容和流量）。

（5）媒体对用户发布的内容，设置付费才可以查阅、订阅，平台企业从中获取收益（赚服务费）。

（6）增值服务：平台企业通过与第三方企业合作，提供如引入手机充值、理财、保险等增值服务（赚服务费、赚差价）。

4. 社交系统

（1）增值服务：平台企业通过与第三方企业合作，提供如引入手机充值、会员服务、表情服务、理财、保险等增值服务（赚服务费）。

（2）平台企业通过用户使用，积累用户和获取流量（赚流量）。

（3）平台企业通过拥有大量用户和流量，吸引广告商高价刊登广告（赚广告费）。

（4）平台通过整合其他系统到社交系统内，获得收益（赚服务费）。

（5）增值服务：平台企业通过与第三方企业合作，提供如引入手机充值、理财、保险、API快捷登录接口、代收代付等增值服务（赚服务费、赚差价）。

5. OA系统

（1）广告收入为零。

（2）接口收入为零。

（3）流量基本等于公司员工数量。

（4）增值服务：引入短信发送接口、邮件发送接口的收益也为零。

营利模式总结如下。

OA系统、ERP系统、物流系统、CRM系统的收益基本为零，只有销售这些软件的企业能够赚到销售收益。但是如果这些软件为公司内部自行开发，做出来的软件系统的确可以服务公司的员工，帮助公司高效地处理工作。由于没有直接的收益，那么这些开发团队薪酬体系和年终奖都较低，离职率也高。因为这些系统本身不能直接产生收益，管理层、股东都不重视，所以企业很少有完善的内部系统。

互联网系统除了社交系统外，其他系统热度一般在2年左右，过了2年左右这款软件系统产品生命周期就差不多结束了。不管这些系统以前多么的热门，后面很快就会衰落。作者认为社交+其他应用的整合，是互联网能够中长期发展的体系，是互联网的王道。

社交是切入点，是累积用户的地方。在社交体系里建各种系统，才能够使过了热度期，用户还留在社交平台上。例如，微信、Instagram、Facebook都是以社交为切入点，在社交平台上拓展其他系统。

全球互联网用户数量可能在20亿人左右。A平台有2亿注册用户，B平台有3亿注册用户。A平台加B平台就有5亿注册用户，也即有全球1/4互联网用户？答案是错的。可能B平台的3亿注册用户就包含了A平台的2亿注册用户。所以说各个互联网平台号称多少万注册用户，实际来来去去也都是同样一群互联网用户。

互联网巨头都怕未来有新的应用系统取代了它们的地位。所以目前只能通过不断地投资热门企业，弥补没有想到要做的内容。他们投资10个企业，其中9个亏本，但是1个赚钱，可能就回本了，而且可以避免被新生企业取代。

16.3　运营逻辑规则

运营与管理人员要敢于提方案，写方案。在企业中你不写、他不写，企业就走下坡路了。很多系统的核心是逻辑规则，这些逻辑规则既看不见，也摸不着，写在系统的底层。系统拥有逻辑规则，那么说明一切都是有序的。系统能调整逻辑规则，那么说明系统是灵活的。既想要系统流程化，又想要系统灵活，首先运营人员必须要撰写一套高可用的系统运营逻辑规则，再把这套逻辑规则写入到系统程序的底层。

下面介绍电梯的逻辑规则、游戏的匹配逻辑规则和股票的匹配逻辑规则。

16.3.1　电梯的逻辑规则

例如，一个大厦一共30层楼，有3个升降电梯，1号电梯静止在20楼，2号电梯静止在18楼，3号电梯静止在16楼。用户在1楼按电梯，哪个电梯接用户？

3个电梯静止的规则如下表所示。

	1号电梯	2号电梯	3号电梯
电梯所在楼层（楼）	20	18	16
用户所在楼层（楼）	1	1	1
哪个电梯接用户			√

结果：接近用户所在楼层的电梯优先原则。在16楼的3号电梯优先接用户。

例如，一个大厦一共30层楼，有3个升降电梯，1号电梯从20楼往4楼下降，2号电梯从18楼往28楼上升，3号电梯从2楼往17楼上升。用户在1楼按电梯，哪个电梯接用户？如下表所示。

	1号电梯	2号电梯	3号电梯
电梯所在楼层（楼）	20→4	18→28	2→17
用户所在楼层（楼）	1	1	1
哪个电梯接用户	√		

结果：以目的地较近用户所在楼层的电梯优先原则。1号电梯优先接1楼的用户。

实际电梯运作中，有一台电梯经常超时工作，经常坏。例如，一个大厦一共30层楼，有3个升降电梯，1号电梯从20楼往4楼下降，今天运作了14小时；2号电梯从18楼往28楼上升，今天运作了2小时；3号电梯从2楼往8楼上升，今天运作了1小时。用户在1楼按电梯，哪个电梯接用户？如下表所示。

	1号电梯	2号电梯	3号电梯
电梯所在楼层（楼）	20→4	18→28	2→8
用户所在楼层（楼）	1	1	1
哪个电梯接用户			√

结果：以电梯较近用户优先的原则、以电梯运作时间较少优先的原则。3号电梯优先接1楼的用户。

根据上述运营规则，可以规划电梯系统后台管理的设置页面，如下图所示。

可见逻辑规则已经藏在程序代码里，运营与管理人员只能设置采用优先规则。

备注：以上案例仅供参考。目前电梯运作的逻辑规则是多线程运作，逻辑规则也较复杂。

16.3.2 游戏的匹配逻辑规则

例如，MOBA（Multiplayer Online Battle Arena）游戏是10人竞技游戏。5人VS 5人，那么运营需要制定5V5匹配规则。

例如有4组人，第1组共30星11:01分单击匹配，第2组人共80星11:02分单击匹配，第3组人共33星11:03分单击匹配，第4组人共35星11:04分单击匹配，如下表所示。

组	等级/星	单击匹配时间
第1组	30	11:01
第2组	80	11:02
第3组	33	11:03
第4组	35	11:04

运营匹配规则：

（1）时间优先——匹配时间>5分钟未成功，自动取消匹配。

（2）等级优先——相差等级>10星，队伍则不能匹配在一起。

按时间优先和等级优先的匹配结果，第1组和第3组匹配成功。第2组和第4组待匹配，如下表所示。

我方（第1组）	等级/星	合计/星	敌方（第3组）	等级/星	合计/星
用户A	5		用户H	15	
用户B	20		用户I	7	
用户C	1	30	用户J	8	33
用户D	2		用户K	2	
用户E	2		用户L	1	

说明：第1组和第2组，相差50星，不在等级匹配范围内。

第1组和第3组匹配，时间在5分钟范围内，等级相差3星，也在范围内。

所以第1组和第3组匹配成功。

增加胜率规则，能否使第1组和第4组匹配在一起呢？

可以的。制定规则5V5平均胜率范围在0%～44%、45%～55%、56%～75%、76%～100%才能匹配在一起。

系统实际数据：第1组平均胜率为50%，第2组平均胜率为52%，第3组平均胜率为70%，第4组平均胜率为52.6%。

根据时间优先、等级优先、胜率优先的规则，第1组和第2组由于等级条件未满足，无法匹配成功。第1组和第3组虽然满足时间和等级规则，但是双方胜率不在范围内，无法匹配成功。第1组和第4组时间在5分钟匹配范围内，等级也在范围内，胜率也在范围内，前面没有可匹配的组，那么第1组和第4组匹配成功。

第1组和第4组匹配成功的结果如下表所示。

我方（第1组）	胜率/%	等级/星	合计	敌方（第4组）	胜率/%	等级/星	合计
用户A	100	5	30星，平均胜率50%	用户H	55	15	33星，平均胜率52.6%
用户B	50	20		用户I	50	7	
用户C	50	1		用户J	45	8	
用户D	10	2		用户K	60	2	
用户E	40	2		用户L	53	1	

根据上述运营规则，可以规划系统后台的设置页面，如下图所示。

后续匹配规则还可以增加局数规则、连胜增加难度规则、职业分配规则、无消费分配挂机敌人等。规则制定得不好，会影响玩家的游戏体验。可见，规则能使竞技游戏更加的公平。

16.3.3　股票的匹配逻辑规则

以前有人问过作者，股票最低只能买入100股，怎么有股民能买入50股或卖出50股的情况出现？

股票会出现分红、配股等情况，那么100股可能就变为110股，就会出现110股卖出的情况，如下表所示。

用户	操作方向	数量/股	时间
用户A	买入	100	2018-05-15 14:00:30
用户B	买入	200	2018-05-16 14:20:30
用户A	卖出	110	2019-05-16 11:20:30
用户B	卖出	220	2019-05-16 13:20:30

说明：用户A在2018年05月15日买入100股，用户B在2018年05月16日买入200股。一年后，经过分红、配股，用户A在2019年05月16日卖出110股，用户B在2019年05月16日卖出220股。

股票是有人买入必须有人卖出，有人卖出必须有人买入，才能使整个股票市场资金流动。那么问题又来了。股票最低只能买入100股，那110股和220股怎么买进呢？如下表所示。

用户	操作方向	数量/股	时间
用户A	卖出	110	2019-05-16 11:20:30
用户B	卖出	220	2019-05-16 13:20:30
用户C	买入	400	2019-05-16 13:20:31

说明：用户C虽然买入400股，但是用户A和用户B只有330股的货。那么用户C只能买入330股的货成交，70股未成交，显示"部成"。

结果说明：用户C能买入110股和220股的数量，申报买入时需要输入100股的整数倍即可，例如申报买入400股，如下表所示。

用户	操作方向	数量/股	时间	结果
用户A	卖出	110	2019-05-16 11:20:30	成交
用户B	卖出	220	2019-05-16 13:20:30	成交
用户C	买入	400	2019-05-16 13:20:31	部成

股票还有价格优先、时间优先的竞价交易原则。

买入：申报价≤成交价。例如买入者申报价11.01元，小于或等于11.01元的卖出单，买入者即优先成交。也就是说申报价可以挂高价买入，成交价可以低于或等于申报价的价格买入。

卖出：申报价≥成交价。例如卖出者申报价11.01元，大于或等于11.01元的买入单，卖出者即优先成交。也就是说申报价可以挂低价卖出，成交价可以高于或等于申报价的价格卖出。

下面对价格优先、时间优先、价格优先和时间优先分别举例说明。

价格优先如下表所示。

用户	申报价	当前价	成交价	操作方向	数量/股	申报时间	结果
用户A	12.00	11.01		卖出	100	2019-05-16 11:20:30	
用户B	11.01	11.01	11.01	卖出	200	2019-05-16 11:20:30	
用户C	12.00	11.04	11.01	买入	200	2019-05-16 11:20:32	

说明：用户A和用户B同时间分别卖出100股和200股，用户C买入200股，那么按价格优先规则，怎么成交呢？

用户	申报价	当前价	成交价	操作方向	数量/股	申报时间	结果
用户A	12.00	11.01		卖出	100	2019-05-16 11:20:30	
用户B	11.01	11.01	11.01	卖出	200	2019-05-16 11:20:30	成交
用户C	11.10	11.01	11.01	买入	200	2019-05-16 11:20:32	成交

说明：虽然用户A和用户B的申报时间一致，用户A卖出申报价为12.00元，用户B卖出申报价为11.01元。用户C买入申报价为11.10，由于用户A申报价过高，用户B申报价与当前价一致，则用户C以11.01元买入用户B的200股。

可见价格优先与用户的申报价、当前价、成交价、操作方向、数量、申报时间都有关系，影响结果是否能成交、谁优先成交。

时间优先如下表所示。

用户	申报价	当前价	成交价	操作方向	数量/股	申报时间	结果
用户A	11.01	11.01		卖出	100	2019-05-16 11:20:30	
用户B	11.01	11.01		卖出	200	2019-05-16 11:20:35	
用户C	11.01	11.01		买入	200	2019-05-16 11:20:38	

说明：用户A、用户B和用户C的申报价与当前价一致为11.01元。用户A比用户B早申报卖出。那么按时间优先规则，怎么成交呢？如下表所示。

用户	申报价	当前价	成交价	操作方向	数量/股	申报时间	结果
用户A	11.01	11.01	11.01	卖出	100	2019-05-16 11:20:30	成交
用户B	11.01	11.01	11.01	卖出	200	2019-05-16 11:20:35	部成
用户C	11.01	11.01	11.01	买入	200	2019-05-16 11:20:38	成交

说明：价格相同的情况下，按时间优先的原则，应该先成交用户A卖出的100股，再成交用户B卖出的200股。因为用户C只买入200股，所以先成交用户A卖出的100股，再成交用户B卖出的200股的其中100股，称为部成。

根据上述运营规则，可以规划股票系统后台的设置页面，如下图所示。

股票系统后台运营管理

开启或关闭规则设置:
☑时间优先   ☐价格优先

备注说明: 勾选后则开启规则

备注: 以上案例仅供参考。目前股票系统的逻辑规则较复杂和完善。

16.4　区块链运营

区块链能够应用在所有行业中,运营与管理人员可以引入区块链技术,为企业实现去中心化的全民记账模式。下面分两个阶段讲解区块链的内容:第一阶段简述区块链;第二阶段实例讲解BT币的全民记账模式。

16.4.1　区块链简述

区块链是分布式数据存储、点对点传输、共识机制、加密算法等计算机技术的新型应用模式,如下图所示。

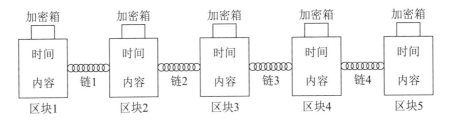

分布式数据存储:去中心化的存储数据方式,具备高性能与高可用的特性。

什么是中心化的记账方式?

例如用户A在银行A存款100元,用户A存钱的数据,只记录在银行A的数据库里。除了银行A,其他人和其他银行都不知道。这种信息记录的方式,称为中心化的记账方式。

中心化的记账方式示例如下表所示。

	操作方式	金额/元
用户A	存入	100
银行A	记录并为用户A增加金额	100

什么是去中心化的记账方式?

　　例如用户A在银行A存款100元，用户A存钱的数据，记录在银行A的数据库里和银行B、银行C的数据库里，但银行A为用户增加金额。除了银行A，银行B和银行C也知道这笔交易，并保存记录在数据库里。这种信息记录的方式，称为去中心化的记账方式。

　　去中心化的记账方式示例如下表所示。

	操作方式	金额/元
用户A	存入	100
银行A	记录并为用户A增加金额	100
银行B	记录	100
银行C	记录	100

1. 点对点传输

　　点对点传输也称存储转发传输，它是以点对点的连接方式，把各个计算机连接起来，这种点对点传输的网络结构形式通常为远程网络和大城市网络所采用，网络的拓扑结构有星形、环形、树形和网状形等。

　　例如，下载种子，仅有几千字节的种子文件，通过种子可以去到各个有存储这个种子资源的计算机下载部分文件，下载完成后，就是这个种子的完整文件。

2. 共识机制

　　区块链系统中实现不同节点之间建立信任、获取权益的数学算法。

　　区块链系统由数据层、网络层、共识层、激励层、合约层和应用层组成。

　　区块链共识机制的作用是识别同一个时间段里发出的交易，识别其先后顺序并达成共识。

　　共识机制的核心算法和机制包括POW、POS、PBFT、DPOS、POI及POP；

　　POW（Proof Of Work）：工作量证明机制。

　　优点：计算机付出多少工作量，就会获得多少报酬（如加密货币）。工作的计算机越多，节点越多；强调去中心化，强调按劳分配。

　　缺点：计算机运算需要消耗大量的电力能源。记账可能出现一笔钱可以花两次的情况，记账速度慢。

　　POS（Proof Of Stake）：股权证明机制。

　　优点：根据用户持有加密货币的数量和时间长短，计算和发送用户利息的机制。节省电力能源，网络安全性高，速度快。

　　缺点：①只能通过IPO方式发行。②少数人才能获取成本较低的加密货币。③大量抛售货币会失去公平性。④持有股权越多，权力越大。

　　PBFT（Practical Byzantine Fault Tolerance）：实用拜占庭容错算法。

优点：算法的可靠性有严格的数学证明，具备（n-1）/3容错性。

缺点：当有1/3或以上记账人停止工作后，系统将无法提供服务，使记账降低性能，不能提高可靠性。消息传递的一致性算法，算法经过三个阶段——预准备（pre-prepare）、准备（prepare）和确认（commit）达成一致性，这些阶段可能因为失败而重复进行。

DPOS（Delegated Proof of Stake）：授权股权证明机制。

优点：授权股权证明机制，行使权利速度快，民主化。例如企业的董事会，由股东选举产生董事会成员，被选中的董事会成员可以行使权利。

缺点：由于选举选中一部分成员充当节点代表进行POS记账，不考虑账户重要性。

POI（Proof Of Importance）：重要度证明共识算法引入账户重要程度的概念，使用账户重要性评分来分配记账权的概率。

优点：POS的升级版本。节省电力能源，网络安全性高，速度快，公平。

缺点：账户重要性不等于设备贡献度。

POP（Proof Of Participation）： 其算法是POI和DPOS 的思想结合。

优点：确保对设备的公平性。拥有社区的共识。记账更加有经济效率。

缺点：账户重要性不等于设备贡献度。

3. 加密算法

区块链采用Hash加密算法，也叫哈希算法。优点是隐藏原始信息，例如区块链中各个节点之间对交易的验证只需要验证交易的信息熵，而不需要对原始信息进行比对，节点间不需要传输交易的原始数据只传输交易的哈希函数即可。

公式表示形式：$h=H（m）$

函数说明如下。

m：任意长度消息。实际上有长度限制的，因为长度可以非常大，所以可以认为是任意长度消息。

H：哈希函数。

h：固定长度的哈希值。

Hash加密算法，将能实现：

（1）正向快速——给定明文和Hash算法，在有限时间和有限资源内能计算出Hash值。

（2）逆向困难——给定（若干）Hash值，在有限时间内很难（基本不可能）逆向推出明文。

（3）输入敏感——原始输入信息中修改一点信息，产生的Hash值看起来都有很大不同。

（4）冲突避免——很难找到两段内容不同的明文，使得它们的Hash值一致（可以避免发生冲突）。

在区块链中，常用两个密码学哈希函数：一个是SHA256；另一个是RIPEMD160（主要用于生产BT币地址）。

4. 区块链总结

解决了去中心化、信任度、加密算法、安全性、多个区块相互链接、数字资产自由交易、处理先后顺序的问题。

5. 区块链的进化

区块链1.0——数字货币。

区块链2.0——数字资产与智能合约。

区块链3.0——各种行业分布式应用落地。

区块链4.0——各种行业分布式应用整合。

16.4.2　BT币全民记账的运营模式

每个进入平台的用户都可以看见522905的区块，上一个区块是522904，下一个区块是522906。全民记账的内容包括加密值、时间、内容、区块、区块与区块的链，如下图所示。

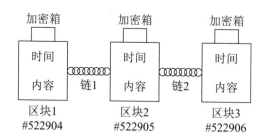

下面详细分析BT币的全民记账模式。

区块522905的内容如下图所示，记账的内容包括交易次数、总输出量、预计交易量、交易费、高度、时间戳、时间、播报方、难度系数、计算目标、大小、重量、版本、随机数、新区块奖励、哈希值、上一区块、下一区块、二进制哈希树根。

区块 #522905

概览

交易次数	766
总输出量	4,924.89299962 BTC
预计交易量	662.91090915 BTC
交易费	0.12532902 BTC
高度	522905 (主链)
时间戳	2018-05-16 06:03:41
时间	2018-05-16 06:03:41
播报方	BT TOP
难度系数	4,143,878,474,754.19
计算目标	390327465
大小	442.195 kB
重量	1471.834 kWU
版本	0x20000000
随机数	1802182235
新区块奖励	12.5 BTC

哈希值

哈希值	0000000000000000	a078774d15817dfaf9b9b72f3bc
上一区块	00000000000000000	08556800bcb54e2edcaba5ad2
下一区块	0000000000000003cf07e	32c49df998d3e99f3d7c
二进制哈希树根	49c1c02ad50493f0f4fa808da52c1359b0feff9ed3ae9fade2b74c51335d7355	

单击"主链"按钮后显示的内容如下图所示。记账的内容包括高度、哈希值、上一区块、下一区块、时间戳、时间、播报方、难度系数、Bits、交易次数、输出总量、预计交易量、大小、版本、二进制哈希树根、随机数、新区块奖励、交易费。

区块序号522905 在 **BT**币区块链中高度为522905的区块

概览

高度	522905 (Main chain)
哈希值	000000000000000000000 3a6c1f65de4ea078774d15817dfaf9b8b72f3bc
上一区块	00000000000000000000 dba5763c08908556800bcb54e2edcaba5ad2
下一区块	0000000000000000003 172d2f38709221d2o49df998d3e99f3d7c
时间戳	2018-05-16 06:03:41
时间	2018-05-16 06:03:41
播报方	B OP
难度系数	4,143,878,474,754.19
Bits	390327465
交易次数	766
输出总量	4,924.89299962 BTC
预计交易量	662.91090915 BTC
大小	442.195 KB
版本	0x20000000
二进制哈希树根	49c1c02ad50493f0f4fa808da52c1359b0feff9ed3ae9fade2b74c51335d7355
随机数	1802182235
新区块奖励	12.5 BTC
交易费	0.12532902 BTC

单击"播报方"按钮后显示的内容如下图所示。记账的内容包括播报方相关的区块链高度、时间、哈希值、大小。

可见播报方不但记录了区块522905的信息，还记录了其他区块的信息。

由B　　OP最近发掘的区块

高度	时间	哈希值	大小 (kB)
522905 (主链)	2018-05-16 06:03:41	0000000000000000001eabb9c3a6c1f65de4ea078774d15817dfaf9b8b72f3bc	442.19
522900 (主链)	2018-05-16 05:37:41	00000000000000000028aac35d0b1379603a1b939fedeed36ea321f079de069d	216.55
522891 (主链)	2018-05-16 05:00:46	0000000000000000000239092d04a7933c5de0bef0db2f22771776383259f5476	234.99
522886 (主链)	2018-05-16 04:15:34	00000000000000000020fb70815293ce125ba96b697116ab4b3a7fd6efab8ce7	1,166.64
522860 (主链)	2018-05-16 00:06:05	00000000000000000000288b11bd96485e7b1fc13f9d8468b017a0bc40bc4bff7c	50.96
522849 (主链)	2018-05-15 23:09:10	0000000000000000000169d36675053baac4a91fb81947794fd5fd56e31c851df	992.66
522844 (主链)	2018-05-15 22:44:30	00000000000000000034653d18b2a25adbc25b2c2c1e39b9524fbc3dbda4c2ef	927.78
522825 (主链)	2018-05-15 19:23:00	0000000000000000002df779b0705147018e34af2b600a5d9c8faa00d929ca64	1,158.59
522824 (主链)	2018-05-15 18:37:50	0000000000000000004392c43cd78123275b6f77f9488f1b06c8c7a392ff8095	1,087.32
522818 (主链)	2018-05-15 16:52:44	0000000000000000023e1a5634ef8526f29fd13ba462d8c1e23460595615537	1,222.39
522806 (主链)	2018-05-15 15:25:24	0000000000000000000ac44910077ea87bf28d43863b3b0ec812d80535784ff3	1,048.87
522805 (主链)	2018-05-15 15:24:49	0000000000000000029b99175905ac034fb3828ca4e183f97c24ae00349f5f3	1,123.71

单击"上一区块"按钮后显示的内容如下图所示。记账上一区块的内容包括交易次数、总输出量、预计交易量、交易费、高度、时间戳、时间、播报方、难度系数、计算目标、大小、重量、版本、随机数、新区块奖励、哈希值、上一区块、下一区块、二进制哈希树根。

区块 #522904

概览

交易次数	1230
总输出量	8,698.93200324 BTC
预计交易量	782.62045876 BTC
交易费	0.22080911 BTC
高度	522904 (主链)
时间戳	2018-05-16 05:57:27
时间	2018-05-16 05:57:27
播报方	SlushPool
难度系数	4,143,878,474,754.19
计算目标	390327465
大小	605.33 kB
重量	2057.501 kWU
版本	0x20000000
随机数	2206484769
新区块奖励	12.5 BTC

哈希值

哈希值	0000000000000000000ee2c67a53dba5763c08908556800bcb54e2edcaba5ad2
上一区块	0000000000000000000388a665148892be4d3ebf4e09935ce5b5e92d4876d5a98
下一区块	0000000000000000001eabb9c3a6c1f65de4ea078774d15817dfaf9b8b72f3bc
二进制哈希树根	f3c4149d6cdf6f6fc28a356b6694f1e01993771a7e3b009432125e39e2fdf24c

单击"下一区块"按钮后显示的内容如下图所示。记账下一区块的内容包括交易次数、总输出量、预计交易量、交易费、高度、时间戳、时间、播报方、难度系数、计算目标、大小、重量、版本、随机数、新区块奖励、哈希值、上一区块、下一区块、二进制哈希树根。

区块 #522906

概览	
交易次数	17
总输出量	225.57205966 BTC
预计交易量	200.30175497 BTC
交易费	0.00485478 BTC
高度	522906 (主链)
时间戳	2018-05-16 06:03:50
时间	2018-05-16 06:03:50
播报方	AntPool
难度系数	4,143,878,474,754.19
计算目标	390327465
大小	22.558 kB
重量	87.591 kWU
版本	0x20000000
随机数	15877684
新区块奖励	12.5 BTC

哈希值	
哈希值	0000000000000000003cf07e350ead172d2f38709221d2c49df998d3e99f3d7c
上一区块	0000000000000000001eabb9c3a6c1f65de4ea078774d15817dfaf9b8b72f3bc
下一区块	0000000000000000000e1ff90567468833399478d7acbbb38be571c1a537ef4d
二进制哈希树根	44b7409b10c16b2ef6be3b160b4922be95abbfbcef34b767854de8ead8a275c1

从上述的数据可见，区块链使用了分布式数据存储、点对点传输、共识机制、加密算法。

参考文献

[1] 林富荣. 互联网产品经理实务全书[M]. 北京：人民邮电出版社，2017.

[2] 林富荣. APP交互设计全流程图解[M]. 北京：人民邮电出版社，2018.